国家林业和草原局普通高等教育"十四五"规划教材

普通高等院校观赏园艺方向系列教材

干花艺术

赵 冰 主编

中国林业出版社
China Forestry Publishing House

内 容 简 介

本教材从提高大学生实践动手能力、大力践行美育教育的角度来构建内容体系。全书共分 8 章，主要包括绪论、干花原材料选择和采集、花材干燥技术、干花保色技术、干花漂染技术、平面和立体干花装饰品制作、特殊形式干花装饰品制作等内容。教材将理论与实践紧密结合，图文并茂，是一本集知识性、科学性和艺术性于一体的园林、园艺专业教学用书，同时也可供各普通高等院校干花艺术公共选修课教学和干花艺术爱好者学习和参考。

图书在版编目（CIP）数据

干花艺术 / 赵冰主编. —北京：中国林业出版社，2022.8（2024.1重印）
国家林业和草原局普通高等教育"十四五"规划教材　普通高等院校观赏园艺方向系列教材
ISBN 978-7-5219-1690-4

Ⅰ.①干…　Ⅱ.①赵…　Ⅲ.①干燥-花卉-装饰美术-高等学校-教材　Ⅳ.①J525.12

中国版本图书馆 CIP 数据核字（2022）第 086133 号

中国林业出版社·教育分社

| 策划编辑：康红梅　　责任编辑：田　娟　康红梅　　责任校对：梁翔云 |
| 电话：83143634　83143551　　传真：83143516 |

出版发行	中国林业出版社（100009　北京市西城区刘海胡同7号）
	E-mail:jiaocaipublic@163.com
	http://www.forestry.gov.cn/lycb.com
印　刷	北京中科印刷有限公司
版　次	2022年8月第1版
印　次	2024年1月第3次印刷
开　本	850mm×1168mm　1/16
印　张	6.75　彩插 32
字　数	210千字
定　价	58.00元

未经许可，不得以任何方式复制或抄袭本书之部分或全部内容。

版权所有　侵权必究

《干花艺术》编写人员

主　　编　赵　冰

副 主 编　刘砚璞　弓　弼　史倩倩

编写人员　（按姓氏拼音排序）
　　　　　　弓　弼（西北农林科技大学）
　　　　　　金晓玲（中南林业科技大学）
　　　　　　李嘉颖（陕西省永寿县监军街道办事处）
　　　　　　李相龙（杨凌叶忆工艺品有限公司）
　　　　　　刘砚璞（河南科技学院）
　　　　　　梅　莉（西北农林科技大学）
　　　　　　宁惠娟（浙江农林大学）
　　　　　　彭海霞（西北农林科技大学）
　　　　　　史倩倩（西北农林科技大学）
　　　　　　王　超（西南林业大学）
　　　　　　王杰青（苏州大学）
　　　　　　杨　丽（信阳农林学院）
　　　　　　杨玉洁（长江大学）
　　　　　　赵　冰（西北农林科技大学）

前 言

　　干花着力体现植物的自然风貌和韵味，具有独特的魅力。应用干花装饰美化生活，已成为当今人们追求的一种时尚。因此，干花艺术的发展，对于进一步促进我国花卉产业的发展和提高人民生活品质具有重要的意义。干花艺术课程和插花艺术、盆景艺术等课程一样，对于提升学生创造美和欣赏美的能力，促进学生的个性发展，培养学生的人文素养和综合素质具有良好的作用。为了更好完成高校以美育人、以美化人、以美培元的育人目标，增强学生的创新意识及工匠精神，推进素质教育，提高学生艺术修养和审美能力，特组织编写《干花艺术》教材。

　　干花艺术是园林、园艺专业的专业选修课程，也是普通高等院校公共选修课中人文素养与人生价值——公共艺术类课程。本教材主要包括绪论，干花原材料选择和采集，花材干燥、保色和漂染技术，平面干花装饰品制作（压花卡片类、压花画和日常干花用具类），立体干花装饰品制作（钟罩花、浮游花和人工干花琥珀等）和特殊形式干花装饰品制作（永生花和叶雕）等内容。通过本教材的学习，学生可以把自然界中的花花草草变成一件件令人赏心悦目的艺术品，在艺术品制作和欣赏过程中达到提高动手实践能力和美育教育的目的。

　　本教材把深奥的干花制作理论通俗化，采用大量的实践案例图文并茂地解读干花相关艺术作品（各种立体和平面干花艺术）的创作过程，作品创作和解读注重以社会主义核心价值观为引领，增强大学生的文化自信，达到让学生在干花制作中热爱中国优秀传统文化和提升个人艺术能力和素养的目的。本教材由多家单位联合编写，充分发挥了各参编单位的优势，对教材的内容进行了优势互补。

　　本教材由赵冰担任主编，刘砚璞、弓弼和史倩倩担任副主编，全书由赵冰统稿。具体编写分工如下：第1章，赵冰、弓弼、金晓玲；第2章，赵冰、李嘉颖；第3章，赵冰、王杰青、杨玉洁；第4章，赵冰、弓弼；第5章，赵冰、史倩倩；第6章，刘砚璞、李嘉颖、杨丽、王杰青、赵冰、宁惠娟；第7章，赵冰、宁惠娟、史倩倩、梅莉、彭海霞；第8章，王超、李相龙、赵冰。

本教材在撰写过程中参考了大量干花方面的文献资料，首先对前辈们的工作表示感谢；感谢西北农林科技大学研究生付丽童和王瑞瑞在干燥、保色和漂染章节编写过程中提供的数据资料和试验图片；感谢西南林业大学研究生陈析和王罗琴所做的永生花前期资料整理；感谢河南科技学院冯慧芳、夏珍珠、栗宁娟、闫晨雨、李玉秀、陈梦洁等同学以及林时工作室和郭星等人提供的作品图片；感谢云南菲丽雅花卉有限公司在永生花制作章节编写方面提供的帮助；感谢西北农林科技大学教务处提供的大力支持和关注。

本教材是在"西北农林科技大学2021年校级规划教材重点建设项目"及"西北农林科技大学2021年校级教育教学改革研究项目"的资助下完成的。

《干花艺术》是编写人员共同智慧的结晶。由于知识水平有限，干花产业发展快速，本教材存在一些疏漏和不足之处，敬请广大师生在使用过程中提出宝贵意见，以便日后完善。

编　者

2022年3月

目 录

前 言

1 绪论 (1)
1.1 干花定义 (1)
1.2 干花特点 (1)
1.3 干花分类 (2)
1.3.1 按加工工艺及制品类型分 (2)
1.3.2 按加工材料特点分 (3)
1.3.3 按装饰品类型分 (4)
1.4 国内外干花发展概况 (4)
1.4.1 国外干花发展概况 (4)
1.4.2 国内干花发展概况 (5)
小 结 (7)
思考题 (7)
推荐阅读书目 (7)

2 干花原材料选择和采集 (8)
2.1 干花原材料选择 (8)
2.1.1 立体干花原材料选择 (8)
2.1.2 平面干花原材料选择 (9)
2.1.3 干花原材料（花材）种类 (11)
2.2 干花原材料采集 (11)
2.2.1 采集时期 (11)
2.2.2 采集地点 (13)
2.2.3 采集工具 (14)

目 录

  2.2.4　采集方法 …………………………………………………………… (14)
  2.2.5　采集注意事项 ……………………………………………………… (14)
  2.2.6　采集花材收纳存放 ………………………………………………… (15)
  2.2.7　采集花材整理 ……………………………………………………… (15)
 2.3　干花原材料压制 …………………………………………………………… (15)
  2.3.1　压制器具 …………………………………………………………… (15)
  2.3.2　压制步骤 …………………………………………………………… (16)
  2.3.3　压制方法 …………………………………………………………… (18)
 小　结 ……………………………………………………………………………… (20)
 思考题 ……………………………………………………………………………… (20)
 推荐阅读书目 ……………………………………………………………………… (21)

3　花材干燥技术 …………………………………………………………………… (22)
 3.1　干燥用具与方法 …………………………………………………………… (22)
  3.1.1　自然干燥法 ………………………………………………………… (22)
  3.1.2　强制干燥法 ………………………………………………………… (25)
  3.1.3　干燥方法综合运用 ………………………………………………… (29)
 3.2　干燥后花材存放 …………………………………………………………… (30)
  3.2.1　干燥后立体花材存放 ……………………………………………… (30)
  3.2.2　干燥后平面花材存放 ……………………………………………… (30)
 小　结 ……………………………………………………………………………… (31)
 思考题 ……………………………………………………………………………… (31)
 推荐阅读书目 ……………………………………………………………………… (31)

4　干花保色技术 …………………………………………………………………… (32)
 4.1　植物材料在干制过程中色变现象 ………………………………………… (32)
  4.1.1　颜色保持良好 ……………………………………………………… (32)
  4.1.2　颜色迁移 …………………………………………………………… (37)
  4.1.3　褐化 ………………………………………………………………… (40)
  4.1.4　颜色加深 …………………………………………………………… (42)
  4.1.5　颜色变浅（褪色） …………………………………………………… (43)
 4.2　干花保色方法 ……………………………………………………………… (45)
  4.2.1　物理保色法 ………………………………………………………… (45)
  4.2.2　化学保色法 ………………………………………………………… (46)
  4.2.3　艺术保色法 ………………………………………………………… (48)
 小　结 ……………………………………………………………………………… (48)

思考题 …………………………………………………………………… (48)
　　推荐阅读书目 …………………………………………………………… (49)

5　干花漂染技术 …………………………………………………………… (50)
5.1　干花漂白 ………………………………………………………………… (50)
5.1.1　漂白目的和意义 …………………………………………………… (50)
5.1.2　适合漂白的干花材料 ……………………………………………… (50)
5.1.3　漂白剂及其助剂种类 ……………………………………………… (51)
5.1.4　漂白设备与用具 …………………………………………………… (51)
5.1.5　漂白方法 …………………………………………………………… (51)
5.1.6　漂白步骤 …………………………………………………………… (52)
5.1.7　不同漂白方法的漂白效果 ………………………………………… (53)
5.2　干花染色 ………………………………………………………………… (54)
5.2.1　色料种类 …………………………………………………………… (54)
5.2.2　染色方法 …………………………………………………………… (54)
5.3　干花软化 ………………………………………………………………… (56)
5.3.1　干花软化方法 ……………………………………………………… (56)
5.3.2　软化效果及存在问题 ……………………………………………… (56)
　　小　结 …………………………………………………………………… (57)
　　思考题 …………………………………………………………………… (57)
　　推荐阅读书目 …………………………………………………………… (57)

6　平面干花装饰品制作 …………………………………………………… (58)
6.1　压花画类制作艺术 ……………………………………………………… (58)
6.1.1　压花画类作品制作步骤 …………………………………………… (59)
6.1.2　压花画类作品种类 ………………………………………………… (62)
6.2　压花卡片类制作艺术 …………………………………………………… (74)
6.2.1　书签 ………………………………………………………………… (74)
6.2.2　贺卡 ………………………………………………………………… (74)
6.3　日常干花用具制作艺术 ………………………………………………… (74)
6.3.1　保存方法 …………………………………………………………… (75)
6.3.2　制作方法 …………………………………………………………… (75)
　　小　结 …………………………………………………………………… (79)
　　思考题 …………………………………………………………………… (79)
　　推荐阅读书目 …………………………………………………………… (79)

7　立体干花装饰品制作 …………………………………………………………… (80)

7.1　钟罩花制作艺术 ………………………………………………………… (80)
7.1.1　钟罩花定义及特点 ………………………………………………… (80)
7.1.2　钟罩花制作 ………………………………………………………… (80)

7.2　浮游花制作艺术 ………………………………………………………… (81)
7.2.1　浮游花概念 ………………………………………………………… (81)
7.2.2　浮游花制作流程 …………………………………………………… (82)

7.3　人工干花琥珀制作艺术 ………………………………………………… (82)
7.3.1　摆台和手环制作 …………………………………………………… (82)
7.3.2　胸针制作 …………………………………………………………… (84)

7.4　其他干花工艺品 ………………………………………………………… (85)

小　结 …………………………………………………………………………… (85)
思考题 …………………………………………………………………………… (85)
推荐阅读书目 …………………………………………………………………… (85)

8　特殊形式干花装饰品制作 ………………………………………………… (86)

8.1　永生花制作艺术 ………………………………………………………… (86)
8.1.1　永生花定义 ………………………………………………………… (86)
8.1.2　永生花概况 ………………………………………………………… (86)
8.1.3　永生花特点 ………………………………………………………… (87)
8.1.4　永生花制作 ………………………………………………………… (87)
8.1.5　永生花产品设计 …………………………………………………… (89)

8.2　叶雕制作艺术 …………………………………………………………… (89)
8.2.1　传统刀刻叶雕制作 ………………………………………………… (90)
8.2.2　去叶肉叶雕制作 …………………………………………………… (91)
8.2.3　激光叶雕制作 ……………………………………………………… (93)
8.2.4　叶画叶雕制作 ……………………………………………………… (94)

小　结 …………………………………………………………………………… (95)
思考题 …………………………………………………………………………… (95)
推荐阅读书目 …………………………………………………………………… (95)

参考文献 ……………………………………………………………………………… (96)

彩　图 ………………………………………………………………………………… (99)

1 绪 论

1.1 干花定义

干花又称干燥花,是将天然的植物材料(如花朵、叶片、枝干、果实、种子和根等)经过脱水、保色、漂染或定型等处理,制成的具有持久观赏性的植物制品。它着力体现植物的自然风貌和韵味。

目前,应用干花装饰美化生活,已成为一种时尚。由于其独特的艺术魅力,干花越来越受人们青睐,市场需求日益增加,开发前景广阔。

1.2 干花特点

(1)植物材料来源丰富

干花植物材料直接取自自然,容易获取,来源丰富。用于制作干花的植物种类既有人工栽培的植物,又有大量野生植物。平面干花制作中,以园林中的植物尤其是开花的植物种类应用最为广泛,此外,温室中栽培的切花和盆栽植物种类,部分农作物、蔬菜,甚至路边的野草都是很好的干花原材料。部分树木的枝干和农作物的果穗是很好的立体干花插花和花束的原材料,如近年比较流行的金麦穗,金光灿灿,寓意丰收,表达了人们追求自然、渴望美好生活的愿望。干花经漂白、染色等技术处理,其成品颜色更加多样,为干花作品的创作提供了更多可能性。

(2)保存时间长,管理方便

干花观赏寿命长,只要保持环境干燥和清洁,就可以长期保存,具有鲜花无法企及的耐久性,比较符合现代人快节奏的生活方式和对家居环境的装饰要求。干花产品的包装、贮藏和运输,不像鲜切花需要低温保鲜,管理非常方便。

(3)创作随意,应用范围广泛

干花创作时,材料的选择、组合、构图设计等不受时间、季节和环境等限制。如我们在春季采摘的花材，干燥后进行妥善保存，可以在冬季创作作品。另外，干花创作涉及领域很广，既可以用来制作干花插花、花束和花篮等立体类装饰品，也可以制作书签、贺卡和压花画等平面类装饰品，还可以和多种生活用品及装饰品相结合制作成工艺品，甚至可以运用到室内软装设计中。

(4) 具有独特艺术观赏性

干花作为植物科学和艺术相结合的产物，具有独特的艺术观赏性。干花都由植物材料制作而成，不仅具有植物的自然风韵，而且保持了植物的固有形态，相对于绢花、塑料花更加真实自然，填补了现代人对回归自然的渴盼。经过漂白染色的花材，颜色更加丰富，赋予植物更加美的感官效果。经过特殊处理的永生花，具有新鲜花材一样的颜色、形态和质感，艺术观赏性独特。

(5) 具有一定教育价值

干花是美学、植物学和设计学的交集，具有一定的教育价值。在高等教育中，干花艺术可以作为一门独立的课程。1997年，华南农业大学在全国率先开设公共选修课程压花艺术，受到各专业学生的欢迎。随后，天津农学院、东北林业大学、西北农林科技大学等高等院校相继开设了干花艺术课程，近年来中小学教育也开始关注干花艺术。干花艺术课程可以帮助学生认识植物，领悟自然，培养专注力，提高动手能力。

(6) 兼具美学和疗愈功能

干花艺术的创作是一个发现美、创造美和欣赏美的过程，对于提高人们的审美能力和人文素养具有非常重要的作用。除了增加人们的审美情趣等艺术功能外，作为园艺疗法的一个分支，干花制作可以让人们贴近自然，放松身心，抚慰心灵，缓解焦虑，释放精神压力，辅助治疗自闭症和抑郁症，从而提高人们的生活幸福感。

(7) 具有极大的经济价值，带动就业

干花创作的参与人群不受年龄和学历限制，是一项老少皆宜的手工活动，可充分带动农民和残障人士就业。目前已有许多压花工作室，以及干花装饰品专卖店出现，以压花为主体的创业项目具有巨大的经济优势和发展前景。

(8) 产业化具优势

相较于其他植物装饰产业，干花产业更容易规模化、标准化，保存运输便利，投资小、风险小、收入高。在原材料制作阶段就可以发展成为产业，如在贵州毕节，有许多花卉基地的主要业务就是将鲜花制作成干花，然后将其运出大山进行销售或深加工。

1.3 干花分类

1.3.1 按加工工艺及制品类型分

(1) 自然(原色)干花

自然(原色)干花是指花材干燥后大体保持花材原来的颜色，仅需通过自然干燥就可直接用于制成干花饰品。如常用于插花和鲜切花花束配材的麦秆菊、补血草(情人草和勿忘我)、千日红、满天星等，含水量很低，非常适合作干花花材。此外，园林中栽培的鸡冠花、芦苇，农作物中的小麦穗、高粱穗、棉花壳以及路边的野草、狗尾草等都是很好的自然原色干花。

(2) 原色(人工)加工干花

一些含水量较高的花材，在自然干燥前提下很难保持原有的色彩和姿态，如月季等花卉的红色和绝大多数植物叶片的绿色在干燥后会失色，因此必须进行必要的工艺处理。经过人为加工制作从而保持原有花色或叶色的干花叫作原色加工干花，质量最高的为"永生花"。

永生干花是以有机溶剂取代花材中的水分，使植物保持鲜活状态。目前较常见的是月季和绣球永生花。

(3) 漂染干花

一些植物材料具有很好的姿态，但其颜色效果不佳，必须经过漂白、染色，形成鲜艳美丽的色彩，此类干花叫作漂染干花。漂染后的立体花材可直接用于干花插花和花束的创作。漂染后的平面花材会增加平面作品的色彩丰富度，如互联网上销售的干花植物材料包多为漂染后的植物材料。

按染色类型的不同，可分为漂白干花、染色干花与涂色干花三大类。

① 漂白干花　对于干燥后出现褪色现象，或色泽晦暗，或形成污斑而影响观赏效果的花材，常采用漂白方法将其漂白脱色，使花材变得洁白明净，这种干花称为漂白干花。适宜制作漂白干花的花材应是茎秆较强硬和不易折损的花枝、花穗、果枝、果穗。有些花材在染色之前为了获得较好的染色效果，常常也需要事先进行漂白。

② 染色干花　对于干燥后易于变色、褪色失去观赏魅力的花材，可采用吸收色料(浸渍或内吸)的方法，使色料透入花材组织内部使花材着色。

③ 涂色干花　经过干燥处理的干花，在其表面喷涂色料，利用黏着剂的固着力，将色料固着在花材表面，如具有金属光泽的金粉、铝银粉，还有藕房、松果、葫芦等由于吸收色料的能力较差，常进行涂色干花制作。

(4) 叶脉干花

由去掉叶肉的叶脉进一步软化、染色而制成的装饰品称为叶脉干花。如海盐县唐人干花工艺品厂的主要干花产品就是叶脉干花。采用刀刻、化学药品或者激光去除部分叶肉、保留部分叶脉，以制成一定图案的叶雕工艺也属于叶脉干花的一种。

1.3.2　按加工材料特点分

① 穗状干花　一些植物的花序及小粒果穗，如禾本科植物、莎草科植物的花序和果序。

② 果类干花　一些植物的果实，如松果、栾树果实。

③ 叶类干花　具有奇特叶型或是叶色的植物，如蕨类、银杏、槭树类、水杉等。

④ 花类干花　以园林中开花植物及各类鲜切花和盆花花材为主。

⑤ 枝类干花　枝型优美的植物，如龙柳、龙桑等。

⑥ 根类干花　观赏价值较高的根等，如灵芝。

⑦ 树皮类干花　如棕榈丝和红桦的树皮等。

1.3.3　按装饰品类型分

植物干花根据其呈现状态的不同主要分为平面干花和立体干花两种。此外，还有创作花、人工干花琥珀、香花、叶雕、永生花等类型。

(1) 平面干花

平面干花是将花材通过压制脱水而制成的植物艺术品，也称压花。压花主要应用的是植物的花和叶，以及细小的枝梗等器官。采用压花为素材，可制作各种艺术品和工艺用品，大的如压花画、压花屏风，小的如名片、书签、贺卡，还可用压花装饰茶杯垫、餐盘垫、台灯罩、手机壳、蜡烛等。

(2) 立体干花

具有三维伸展的干花称为立体干花。它可以和鲜切花一样用于瓶插、花束、花篮、花环、捧花、胸花、服饰花、头饰花等，还可以制成钟罩花、半立体干花画和其他各类生活饰品，如手环、头饰、胸针、立方体摆件等。

(3) 创作花

创作花是以干燥植物为素材，经人工拼装黏合而成的人造花朵，通常应用于制作大型干花插花装饰。常用于制作"花心"的素材有松塔、起绒草花序、千日红花等；用于制作"花瓣"的花材多为大而薄的果皮、果壳、树叶，如玉米皮、银杏树叶、棉花壳等。用于集合成束而制成集束创作花的花材有满天星、狗尾草、麦穗等细小花材。

(4) 人工干花琥珀

人工干花琥珀是将干花包埋于人工合成树脂中，制成的透明琥珀样干花装饰品。利用人工合成树脂或滴胶可以制成立方体完美保存花朵的立体形态，还可以制成胸针、耳饰、发饰、钥匙坠、吊坠、手环、戒指等各类生活饰品。此类干花装饰品也可归为立体干花的类型。

(5) 香花

香花是干花的视觉享受与芬芳的嗅觉结合的产物。在16世纪英国女王伊丽莎白一世时，就出现了香花。我国民间很早以前就有在端午节用艾叶制作成多种形状的香袋挂在身上作为装饰的习俗。将干花、果或叶集中装于袋、盆中作为闻香用的"香花"不仅具有装饰作用，还具有实用价值。

(6) 叶雕

叶雕是指利用树叶纵横交织的脉络、自然残缺创造出源于自然而高于自然的艺术作品。叶雕按照制作方法和技术的不同，又可以分为传统刀刻叶雕、去叶肉叶雕、叶画叶雕和激光叶雕几类。此类干花装饰品也可归为平面干花的一种类型。

1.4　国内外干花发展概况

1.4.1　国外干花发展概况

干花来源于植物标本，最早的植物标本制作单纯从素材着手，没有融入构图和审美的概念。17~18世纪时期，干花制品开始有了色彩和初步设计，开始在欧洲盛行并广为流传，这些地区已经有较为完善的干花原材料开发研究和工艺制作技术。19世纪后半叶，英国出现了大型自动化干花烘干房，在一些家庭和小作坊出现了制作干花专用的干燥机，这些技术和设备使得干花的制作过程得到了科学规范的控制，干花从传统的自然干燥发展到了强制干燥，质量从此有了明显的提高。欧洲大部分国家在干燥技术、设计理念和管理经营方式上已经处于较高水平，对干花的市场发展起着决定性作用，同时也带动着世界各地干花市场的发展。

由于受到人们的喜好、要求、文化生活环境、科学技术水平和本地花材种类等因素影响，世界各地的干花种类、特点以及发展水平各不相同。如欧洲多以繁生小花类型植物材料为主，注重保持植物材料的自然形态和色泽，产品力求自然并体现野趣风格；北美洲的花卉市场主要以美国和加拿大为主，他们对干花的需求主要是和谐自然的花型和颜色设计以及较高的干花品质，在干花产业发展中处于领先地位；澳大利亚和非洲的植物资源非常丰富，干花制作常以硕大而奇特的当地植物为材料，作品着重体现厚重豪迈的原始情调。在南非的旅馆、餐厅、机场等地基本都会以花卉作为主题，将各种干花花材组合起来，放置在柜台、橱窗和桌上等处。亚洲干花生产常采用漂白、染色技术，使产品色彩鲜艳明快、工艺精细。亚洲的消费市场主要以日本等地为主，其中，日本的压花最为有名。

19世纪日本明治维新时期，压花艺术从欧洲传入亚洲的日本，干燥剂的开发和政府的支持掀起了日本压花艺术发展的高潮，形成了多流派的压花艺术格局。在大力推广的同时，他们还研发出了日式干燥箱、干燥板等工具，以及用于压花画制作的专用胶水、涂料、覆膜等，甚至还出现了压花瓷砖、杯垫、餐具、灯具等压花艺术装饰成品，对国际干花界产生了深远的影响。

目前，国外干花市场正朝着干花装饰品的多样化、干燥技术的高级化和干花市场的商品化方向快速发展。

1.4.2 国内干花发展概况

1.4.2.1 我国干花产业现状

干花源于自然但又高于自然，受到国内消费者的欢迎和喜爱。其形意早在唐宋的"红叶题诗"和清代的"菩叶画"中就能捕捉到。20世纪80年代，以北京的黄栌叶、香山红叶为材料制成的书签和贺卡，成为中国干花压花艺术品的典型代表。

20世纪80年代中后期，中国台北市压花艺术推广协会将压花引入中国台湾，继而又传入我国内地。我国开始出现干花及其装饰品商品市场。但从销售结构看，多以进口产品为主。生产销售的产品主要有立体干花、壁框、干花画、香包、压花及干花半成品等。其中，因叶脉的较强可塑性和叶片原材料的丰富性，叶脉干花在很长一段时间内在我国最为流行，也是生产量最多的干花产品。

目前，干花产业发展较好的地区主要集中在北京、天津、河北、内蒙古、云南和广东等地，相继推出了一些与生活相结合的应用型干花，在办公室、商店、橱窗、餐厅和酒店随处可见，推动了我国干花市场的发展，干花销售额和出口额都得到了大幅度增长。

随着我国干花产业的发展，干花市场已逐渐进入品质竞争阶段，品质优化和种类调整成为所有生产者共同面临的问题。品质的不断提升成为产业健康持续发展的关键，相应的标准化建设成为干花产业急需研究的新课题。2011年，农业部花卉产品质量监督检验测试中心（昆明）负责起草的农业行业标准《叶脉干花》颁布实施，标志着我国干花产业进入了一个新的发展时期。标准的制定颁布与实施，有效引导了干花产业的标准化和规范化管理，提升了干花产业的质量意识，进一步推动了我国干花生产。

近年来，部分农林类高校和地区林业部门对干花的教学和科研进一步推动了国内干花艺术的发展，如华南农业大学、东北林业大学、天津大学、西北农林科技大学、河南科技学院等很多高校都开设了干花相关的课程，并开展了一定的科学研究。干花植物材料的筛选，植物材料的干燥技术和保色方法的研究，干花漂白、染色及软化技术的研究，花卉干制过程中褐变机理的研究，干花装饰品制作和组合技术的研究，干花生产和商品化研究等一系列基础性的研究工作，不仅为今后我国干花生产的发展指明了方向，而且为形成该产业格局奠定了起步基础。河北塞罕坝国家森林公园和当地林业局共建了野生花卉培育基地，对当地多种野生植物进行引种驯化，加工成干花，如干枝梅、金莲花、唐松草、圆枝卷柏、石竹等，使其不失野趣，又提高了观赏价值和经济效益。还有一些知名干花艺术家和创作者对干花艺术的广泛传播起了巨大的作用，如国际压花协会会长朱少珊、中国园艺学会压花分会理事长陈国菊老师等压花艺术家，他们的压花艺术风格自成一派，多向地扩展了压花的审美境界，直接或间接地促进了干花艺术在我国的快速发展和传播。

目前，国内已经成立了一些专门的干花工作室，如华南农业大学陈国菊教授带领的压花艺术研究工作室"国菊压花工作室"、广州真朴苑工作室、北京梦工坊压花俱乐部、沁芳亭植物压花艺术工作室。与此同时，互联网购物平台上也开始出现与干花相关的商家，售卖的商品有干花植物材料、干花耳环、干花项链、干花发夹、压花装饰画、压花制作工具等。我国也开始跟上国际的脚步，举办了一些干花制作比赛，为干花艺术爱好者提供展示和交流的平台，间接地促进了干花艺术在我国的传播和快速发展。

1.4.2.2 我国干花发展趋势

我国干花植物资源非常丰富，消费者对干花的需求日益增长，国内外市场空间极大。目前干花产业正处于劳动密集型的低技术生产状态，随着科学技术水平的提高和干花制作工艺技术的不断提升和完善，干花产品正向中端甚至高端的干花工艺发展，如我国在干花基础上研发的永生花产品。广阔的干花市场需求使干花企业扩大生产规模和开辟新市场的愿望日益强烈。因此，充分考虑干花种类的未来市场前景，发掘市场发展潜力，做到产品多种类、高质量生产就成为未来干花发展的方向。为了达到这一目标，应从以下几方面开展工作。

①合理开发我国的植物资源。我国的植物资源非常丰富，可以应用于干花制作的植物种类非常多，应充分利用我国丰富的植物资源，扩大资源调查和引种栽培工作，增加干花及其装饰品的种类。同时充分利用我国草编、柳编、竹编以及木器制作等独特的传统技艺，并将这些传统技艺与干花制作结合，创造出具有中国特色的干花装饰品，从而

提升我国干花产业在国际市场上的竞争力。

②加强对干花工艺技术的科研投入，培养干花专业人才，提高我国干花生产制作工艺综合水平，满足消费者对干花的不同需求。干花质量品质的提升是干花产业能够健康、可持续发展的关键。伴随着我国干花产业的发展，干花市场也开始转向干花的品质质量竞争，干花品质的提高、种类多样性和组合类型成为目前干花生产的主导方向。因此应积极探索改进干花生产工艺的方法，提高花艺设计水平，增强干花产品的艺术性、装饰性；研发新种类，注重中高端产品的开发研究。

③提升干花产品的包装质量和水平。包装能够在很大程度上提升干花工艺品的附加值，是产品的重要组成部分。干花制作应改善包装方式，提高包装档次，树立良好的产品品牌形象。

④加大宣传力度，强化营销策略。目前还有很多人不了解干花，所以加强干花及其装饰品的宣传和普及，不仅可以引导消费，提高干花在市场的占有率，而且有利于提高广大群众的文化艺术素养。可以充分开展干花艺术进校园、进社区、进乡村活动，同时还可以充分应用现代网络媒介拓展产品销路。

⑤积极参与干花国际市场的竞争，加强与外界干花信息技术的沟通和交流，提升我国干花的国际竞争力。

干花装饰着我们的生活环境，成为人们追求美的一种方式。我国的干花产业和市场拥有很大挖掘潜力和发展空间，只要秉承着可持续发展的原则，因地制宜，开发具有我国特色的干花工艺体系，我国干花产业的发展一定会再上一个新的台阶。

小　结

本章介绍了干花的概念、特点、分类和国内外发展概况。对干花概念和特点的学习可让学生对干花有一个初步认知；对干花分类的学习可以激发学生进一步学习干花课程和进行干花创作的兴趣；对国内外发展概况的学习可以使学生对干花这一领域和产业的发展进行深入思考，并和大学生创新创业教育联系。

思考题

1. 你了解的干花应用形式有哪些？
2. 如何将干花的制作与大学生创新创业进行有效结合？

推荐阅读书目

1. 压花艺术. 陈国菊，赵国防. 中国农业出版社，2009.
2. 干燥花制作工艺与应用(第2版). 洪波. 中国林业出版社，2019.

2 干花原材料选择和采集

2.1 干花原材料选择

我国享有"世界园林之母"的美誉,具有多种多样的野生花卉和栽培花卉,且很多种类具有花朵硕大、花色丰富、花型多样等特点,干花原材料资源非常丰富。

2.1.1 立体干花原材料选择

干花植物材料的选择是一项细致而重要的工作,它直接影响最后的干制效果与成品率的高低。立体干花原材料的选择比较简单,尽量选择颜色鲜艳,花朵形态较好,花形紧凑且没有病虫害的花材进行采集干制。花材在采回后进行素材整理,除去侧枝与侧蕾、病弱残枝以及过密的叶、花和花序即可。

在技术条件能满足的情况下,几乎所有具观赏价值的植物都可以作为立体干花的原材料。但在具体生产中,人们总会选择一些适于干制、工艺简单、成本耗费低的原材料。一般来说,选择原材料时需要考虑以下因素:

(1) 含水量

从护色的角度考虑,含水量低的植物材料色素分解酶的活性低,色素比较稳定,干制过程中能较好地维持原有色彩。从定型防皱的角度考虑,含水量低的花材,植物自然干制后变形较小。因此,应尽量选择含水量低或有蜡质的花材。

适合作原色干花的花材大多具有含水量低的特性,如麦秆菊、勿忘我、鸡冠花、千日红、薰衣草、松果、芦苇、高粱穗等。含水量高的花材一般不适合制作原色干花,如牡丹、芍药、郁金香、百合等,常需要使用强制干燥法来获得比较好的干燥效果。

(2) 干物质(纤维素)含量

植物材料中干物质含量和含水量是相对而言的。一般来说,含水量越高,干物质含量就越低。干物质含量越高越有利于制作干花,因为干物质含量越高,刚性强度就越高,干制过程中就越不容易皱缩变形,且在漂白、染色过程中有良好的耐加工性能,非常适合制作漂染干花。

(3) 花的开度

花的开放程度直接影响着花材干燥后的质量，采收过早，花蕾比较紧实，不利于立体干花的干燥；采收过晚，花色不鲜艳，部分花粉比较多的花材会出现花粉污染花瓣的情况。因此，对于大花及中型花，一般在花初或花粉未散的时期采集，对于小花及微型花，在花枝整体开度达70%以上时进行采集干燥。

2.1.2 平面干花原材料选择

自然界中的大部分植物都可以用作压花材料。其中有野生植物，也有人工栽培的植物；盛开的花朵可以作为花材，路边不起眼的野草，植物的茎、树皮、根、果实、落叶，甚至是被流水腐蚀的叶片，皆可用于制作压花，但也有不适合作压花素材的，所以在采集前需要进行筛选，且不同的植物其取用的部位也不尽相同。

总的来说，平面干花原材料的选择需要遵循以下原则：

①压花是一种艺术创作，植物的色泽、形态、花纹等都是可利用的元素，要选择观赏性强、具有美感的植物材料。

②植物材料要尽可能平整或者便于压制成平面化的成品，且其含水量较低，可以快速干燥以避免发霉、腐烂和变色。

③压制干燥后依旧具备良好的观赏性。

植物一般由根、茎、叶、花和果实等部分组成，这些组成部分中花和叶是主要的压花原材料，部分植物的枝和果实也可以用来制作压花，根据需要还可以将植物根制作成压花。一些植物的卷须、藤蔓甚至树皮也可以成为压花原材料，能为压花艺术创作增色不少。中国幅员辽阔，植物资源更是不计其数，每种植物的姿态、颜色、构造和质地等都不尽相同，因此要根据需求选择不同的植物。下面从叶材、花材、枝材、树皮和蔬果等几个方面详述干花原材料选择时的注意事项。

(1) 叶材的选择

①叶片质地、薄厚适中的草本植物和落叶植物，叶子较易干燥且有韧性，极适合用作压花叶材。有一部分草本植物和落叶植物的叶片过嫩过薄，含水量高，容易卷曲，干燥后极易褐变和损坏。

②一些革质、表面蜡质、较厚的叶片干燥过程中不易脱水，需要经过特殊处理才可用作压花。

③大多针叶树针叶易散、叶面蜡质，部分还有分泌物，如一些松、杉等，不适合用作压花。

④多浆植物多是肉质叶片，含水量过高，很难干燥，如昙花、树马齿苋、多肉植物等，不适合用作压花叶材。

⑤部分有虫眼、被腐蚀的叶片(如自然流水冲刷的叶脉)如有独特的美感，也可用作压花。

(2) 花材的选择

①选择新鲜美观的花或花苞，切忌用凋零、腐坏或污染严重的花。

②尽量选择颜色鲜艳，干燥后仍可保持原色的花。

③一些柔软的花枝、轻盈的花序也是压花的好材料，如薰衣草、油菜花、紫藤、绣线菊。

④选择花瓣厚度适中、柔韧性好、含水量低、容易干燥且不易变色的花，如月季、三色堇等。

⑤花瓣过厚、表面革质或含水量高的花材不易压制，如蝴蝶兰、百合、剑兰等，但经过特殊处理也可以成为漂亮的压花材料。

(3) 枝材的选择

植物的枝条、藤蔓、茎秆常用作构建骨架，丰富空间层次，调节虚实，是压花中必不可少的材料。其选择标准包括：

①有理想的观赏效果　枝条的表现应用常常牵扯构图的问题，所以选择时根据构思需要取形态自然、造型优美或姿态奇特的枝条，如龙须柳、垂柳、葡萄藤、茑萝、常春藤等。

②便于压制干燥获得平面的材料　选择柔软、幼嫩可直接压制干燥的枝条，或者对于一些粗硬圆鼓的枝条可以经过对半劈开去除木质部得到平面且较薄的材料。

(4) 树皮的选择

树皮常用来表现房屋砖墙、篱笆院落、崎岖山路、斑驳地面、嶙峋山石。其选择标准包括：

①美观特别　树皮主要是利用其色泽纹理，选择有明显特征的材料，如白千层树皮的颜色变化丰富，每一层的颜色都不尽相同。

②厚度适中，具有柔韧性　大多数植物树皮过厚或者过硬，无法压制成平面材料用于压花创作。

③具有自然剥落现象或者易采剥　树皮是植物的保护组织和养料运送通路，所以在采集时要考虑尽量减少对植物的伤害。尽可能选择本身具有自然剥落现象的植物，如白皮松、红桦、桉树、悬铃木等，或者少量采集易剥取的树皮，且尽量只剥取表层，如白桦、白千层等。

(5) 蔬果的选择

蔬果在压花作品中主要用于表现自身的形貌特征。其选择标准包括：

①美观特别　蔬果的观赏价值在于其色彩、形态和质地。如草莓色泽鲜艳，奇异果切开后纹路特别，豆荚造型有趣。

②便于干燥压制　蔬果是最难压制干燥的一类植物材料，在选择时要考虑现有技术是否可以在干燥处理后仍有观赏性。选择果皮较为柔韧，果核果肉容易剥离，易采集的材料，如辣椒、秋葵、草莓、山药等。

在压花作品，尤其是景观类作品中，草本植物材料的使用率远高于木本材料的使用率，体型较小的花朵和叶片比体型大的花材更常用。不同的季节环境也应选择不同的植物。如在春天风景画作品中常使用的植物素材是荠菜、葡萄、绣线菊等；在夏天风景画作品中常使用扁柏、卷柏等；在秋天风景画作品中常使用棕榈、元宝枫、扁柏、三角枫、银杏等；在冬天的风景画作品中常使用葡萄、马齿苋、银叶菊等。

2.1.3 干花原材料(花材)种类

根据花材形态和功能的不同，可分为团块状花材、线状花材、散点状花材、衬叶花材和肌理性花材。在干花装饰品的制作中，不同花材所发挥的作用是不同的。

①团块状花材　花朵较大，呈团状、块状，可以是花头较大的一朵花，也可以是许多小花形成的一簇。可单独成形，常用作插花型压花画中的主花，或在风景压花画中作前景。如月季、非洲菊、向日葵、大丽花、牡丹、绣球花、百子莲等。

②线状花材　是指长条形、线条状的花材，有直线和曲线，有粗线和细线。在插花型压花画中作架构，在风景压花画中用于丰富层次、组织空间、调节虚实。如唐菖蒲、龙柳、文心兰、排草、鼠尾草、吊兰、牵牛藤、硬草、沿阶草等。

③散点状花材　是指分枝多且花朵较小，以松散或紧密的形态集结在一枝上，形如云雾或轻纱一类的花材。在插花型压花画中和风景画作前景时填充在大花间，增加作品的层次感；在风景画中用作远景，丰富空间感；在人物画中作装饰。如满天星、情人草、勿忘我、蕾丝花、蓬莱松、天门冬、细叶铁线蕨等。

④衬叶花材　是指大小适中或偏小的枝叶，或树塔状叶材。常需同种植物花叶，作花束、花丛时用于衬托花、完整植物形态、丰富层次；在风景画中用于以小见大表现远景树木。如月季叶、牡丹叶、蛇莓叶、艾蒿、南天竹、乌蕨等。

⑤肌理性花材　是指叶片或花瓣较大、平整、色泽均匀或有渐变层次，有独特纹理的花材。利用其色泽肌理，作压花画背景、建筑、天空、人物等。如牡丹花瓣、月季花瓣、睡莲、美人蕉、包菜、七叶树等。

2.2 干花原材料采集

2.2.1 采集时期

在一年四季当中，只要有鲜花开放或有成熟的干花植物材料都可以进行采集，但由于采集目的的不同，采集时期往往会有较大差异。采集花材一定要选择合适的季节和合适的时间点。

选择采集季节应考虑以下两方面：

①植物的生长周期和开花习性　对于花朵的采集，需要关注植物的物候期，最好在每种植物的盛花期采集花朵。叶片的采集没有最适宜的季节，可以根据需要采集新叶、老叶、落叶或变色叶，甚至可以采集外观颜色特别的病斑叶片。其他植物器官如茎、果等也是根据物候期和创作需要的形态及颜色来采集。表2-1列举了部分不同季节可选择的花材。当然对于已经用作切花等可以周年生产的花卉，如香石竹、满天星、情人草、月季等一年四季都可以采集。但从经济的角度考虑，尽量避开反季节获取花材，如冬季的绣球价格要比夏季高。也应尽可能避开各种节日。

②季节气候情况　如春秋季，植物种类丰富且气候适宜，尤其秋季的彩色叶不仅叶色丰富，而且叶片含水量低且极易干燥；而在高热高湿的梅雨季节，花材不易干燥、容易腐烂，不是采集植物的适宜时期。

表 2-1　四季常见可采集干花植物

季节	植物		备注
春	开花植物：	二月蓝、风信子、报春花、香石竹、郁金香、瓜叶菊、鸢尾、矢车菊、铃兰、芍药、桃花、杜鹃花、月季、迎春花、樱花、紫叶李、杏花、梨花、榆叶梅、丁香、黄素馨、垂丝海棠、碧桃、牡丹等	开花植物可采与花同期的枝叶
	特殊叶植物：	矾根(彩叶)、鸡爪槭(绿叶)、紫叶李(紫红色)、垂柳、香樟(色艳)、臭椿、山麻杆(红叶)等	
夏	开花植物：	香雪球、凤仙花、大丽花、金鱼草、屈曲花、矮牵牛、蓝雪花、石竹、落新妇、萱草、石榴、珍珠梅、葱兰、半枝莲、昙花、睡莲、天竺葵等	开花植物可采与花同期的枝叶
	特殊叶植物：	银叶菊(银白)、苎麻(叶背白色)等	
秋	开花植物：	菊花、桂花、石蒜、美人蕉、一串红、假龙头花、万寿菊等	开花植物可采与花同期的枝叶
	特殊叶植物：	鸡爪槭(红叶)、银杏(黄叶)、枫香(红、黄渐变色)、南天竹(红叶)、鹅掌楸(黄叶)、七叶树(红色、黄色)、乌桕(红叶)、黄栌(红叶)等	
冬	开花植物：	梅花、水仙花、山茶、虎刺梅、长寿花、鹤望兰、仙客来、春兰等	
	特殊叶植物：	一品红、羽衣甘蓝等	

选择合适的采集时间点应考虑以下四方面：

①对于花卉而言，花朵的开花程度、新鲜度都会直接影响压花成品质量。因此，花卉采集要在其初开至盛开期间，可得到造型丰富、花色鲜亮、品质较好的平面干花。切勿等到花朵开始出现衰败时再采集，此时花朵品貌受损，且内在理化性质发生变化，干燥过程中易发生变色、腐坏等情况。

②花材采集要选择在晴朗、干燥的日子进行，雨水和潮湿的空气容易导致花材在干燥过程中变色，甚至发霉、腐烂。如果碰上雨天，最好推迟 1~2d 待花朵上的雨水被晾干后再采集。若急于采集，即使植物表面干了，但花朵、花蕊内还积存着大量水珠，这不仅导致干燥处理时的工作量成倍增加，干燥处理之后也很难得到干燥效果较好的花材。

③采集植物的时间一般以上午 9：00~11：00 为宜，此时采集既易保鲜也易烘干脱水，早晨、中午和傍晚不宜采摘。采集时间过早，会因露水未干而影响植物材料的干燥；中午时分太阳照射强烈，植物正处在蒸腾作用最旺盛的时刻，采后极易萎蔫变形，不宜压制，且花色容易变浅，无法获得鲜亮的压花成品；采集时间过晚，会因来不及处理当天采收的植物而导致植物失水卷曲，浪费植物材料。

④有些植物花朵开放时间较为特别，如荷花、睡莲、红花酢浆草、仙人掌、合欢、吊兰、蜀葵等植物的花朵会在傍晚闭合，翌日早上再展开；牵牛花、蒲公英等只在上午开放；美女樱花序中的小花则往往要到下午方可充分展开，其最佳采集时间在傍晚前后；月见草和晚香玉只在傍晚开放；昙花多在夜晚开放；酢浆草、姬小菊喜在强光下盛开，紫茉莉、夜来香喜在弱光下盛开；麦秆菊的采集一般应在外轮萼片开放 2~3 轮时进行，以免干制后花萼外翻、花心外露影响观赏效果；大花飞燕草、紫罗兰等应在花序下部开放 10~15 朵时采集。因此，对于某些有特殊开花习性的植物，为了获得造型完

美的干花成品，需要根据植物花朵的开放特点来选择合适的采集时间。采集时应掌握一条基本原则，即植物的花朵要充分展开，且不衰老、不萎蔫。

2.2.2 采集地点

植物材料的采集是干花作品创作前最重要的一项基础工作，这个过程不仅需要极大的耐心，还需要一双能发现美的眼睛。田野里、小道上、某个小角落，或许就有一簇精致的花草可以成为干花艺术创作的主角，甚至石头上的青苔、扔掉的瓜果皮都是制作压花的珍贵材料。干花的植物材料主要来源于栽培植物和野生植物。因此，花材可以在野外采集或者选择人工栽培花卉。野生环境下生长了许多奇形怪色的植物，这些植物材料可以让干花创作不落俗套、个性十足。在野外采集时，在注意安全的同时也应对采集后的花材迅速做出处理，防止因萎蔫而浪费花材。还应注意不要采集珍稀植物和有毒的植物。

一般情况下，为了保证干花的品质，建议选择人工栽培的植物。人工栽培的植物品质较好，花叶完整，基本没有病虫害，是干花原材料的最佳选择。

①花材来源主要有花店购买或废弃的花材，花园、苗圃，野外及公园等公共绿地。

花店植物：主要是各种切花以及盆栽植物，常见的有非洲菊、情人草、月季、绣球、小苍兰、蝴蝶兰等。压制出的干花较为规整、干净。

花园、苗圃：多为一、二年生草花或花境常用球根花卉，以及园林绿化造景用灌木、小乔木。如牡丹、三色堇、郁金香、茉莉花、月季、大花萱草、石竹等。

野外：自然界中各种各样的叶、茎、树皮、果实、花穗都是干花制作中的优良材料。如卷柏、蕨类、地锦、麦秆、水杉、旱莲草、葎草、莎草等。

公共绿地：公园、生态园等场所由于换季所掉落的叶片、春天的花絮等也是很好的干花素材。如银杏、元宝枫、合欢、黄栌、鸡爪槭、柳絮和桃花等。

②野外采集植物需要了解不同植物的生态习性、分布特点，才能有的放矢地进行采集。有些植物适应性很强，可能随处可见；有些植物因受到温度、水分、海拔的影响而有特定生长环境。

喜阴暗湿润环境植物：多生长在潮湿背阴处或密林山谷中，如苔藓、铁线蕨、凤尾蕨、菖蒲、荷包牡丹、石蒜等。

喜干燥、日照充足环境植物：如生石花、长穗柳、锦鸡儿、盐生草等常见于戈壁沙漠之地，它们受环境影响，常具有在干旱季节休眠的特性，雨季来临时，它们迅速吸收水分重新生长，并开放出艳丽的花朵。

喜冷凉气候植物：如银莲花、马先蒿、唐松草、落新妇、蓝盆花、金莲花、翠雀、唐松草等，多生长于海拔高的地方或北方的山谷、溪边、林下、林缘和草甸等处。

喜温暖、湿润、阳光充足环境植物：如鸡蛋花、白千层、马缨丹等多栽植于中国广东、广西、云南、福建等地。

喜水湿环境植物：如千屈菜、泽泻、芦苇、黄菖蒲等常见于河岸、湖畔、沼泽、湿地。

在大规模采集前，确定某种植物的采集地点时，除了要了解其集中产地外，还应考虑运输是否便利。

2.2.3 采集工具

根据采集地点和采集材料特性的不同，一般需要选用不同的采集工具。干花原材料采集的常用工具有剪刀(普通剪刀、园艺剪)、美工刀(解剖刀)、密封袋、密封盒、水桶、湿巾(海绵、水)、手套、冰盒、标本夹(压花器)和消炎消毒物品。

对于叶片、枝干、花柄细软柔弱的植物用普通剪刀即可，对于花枝粗硬的植物用园艺剪采集；解剖刀主要用来采剥树皮、苔藓等；密封袋和密封盒有一定的保鲜功能，可用来贮存采集的植物，确保植物不会在短时间内过度失水，密封盒或密封袋中靠近植物切口处可放入湿润的纸巾或海绵，条件允许时可将其放入冰盒中，保鲜效果更好；对于采集像月季、芍药、菖蒲等可带长枝采集的植物，可以直接放入装有水的桶中。去野外(户外)采集花材时，需随身携带消毒急救物品。当野外过远，无法及时将采集的花材带回时，为了防止花材因长时间离体失水而萎蔫，可用标本夹就地预压。

2.2.4 采集方法

立体干花制作要采集枝形美观、挺立性好的植物，保留长度15cm以上的枝条，枝条中的水分可避免花材快速萎蔫。一般用剪刀将所需的植物剪下，避免用手掐或拔起整株植物。平面干花材料采集时要注意材料的厚度。采集到的花草应立即处理，尽量将花朵正放在盒子里，将平面的叶片放在袋子里，或放在阴凉处，从而减缓花材的萎蔫速度，使花材保持新鲜状态。如果采集的花朵数量较多，要分类、分袋装进袋子，因为挤压会影响花朵的形态从而影响干燥后的效果，每袋装入的植物量不宜太多。

2.2.5 采集注意事项

①选择健壮、生长状态良好、花朵繁盛的植株。并挑选完好无损、刚刚开放、强壮、舒展的个体。但有时虫斑、残损也会产生不一样的观赏效果，给花材增添特别韵味或者改变其质感。

②剪取时应迅速，注意不要造成切口损伤。为了保障植物材料贮存过程中的新鲜度，剪切时可稍微带一小段茎秆。

③植物采集时需要本着生态、节约、保护物种资源和景观效果的原则。避免过量采集，杜绝连根拔去，同时避免集中于同一地区、同一位置采集。尤其在进行野生植物采集时，应当具备环境资源保护意识，注意采集对象是否是国家濒危保护植物，以免造成植物物种分布优势的下降，甚至导致灭绝。

④花材的采集会对植株的生长及观赏效果产生一定的影响，为了减少这种不利影响，应分散进行，避免就同一植株或同一部位过度剪取。

⑤采集时要注意安全，避免采集有毒植物。

2.2.6 采集花材收纳存放

将采集的花材进行整理归纳,按照花材的种类,或按枝、叶、花分别放置在不同的袋子(盒子)中,便于后期干燥处理,保障花叶的质量。对于柔嫩易损的花材,同一容器中放置少量即可,密封袋可稍微吹入一些气体,避免挤压。

为了避免失水萎蔫,容器中可放入湿巾或者湿海绵。在采剪带较长花枝的枝条或花卉时,可直接将其基部泡在水桶里,将花卉的切口插入水中,花头保持干爽。对于带有汁液的植物,在采集后要先清理切口再收纳。植物材料采集后不能长时间存放,需要尽快进行干燥处理。如果不能及时将花材带回压制干燥,需要将收纳好的材料放置在阴凉处,或者放入冰盒,或者打湿几张卫生纸,放进袋子(盒子)里保持高湿度,密闭,以防止水分蒸发,也可直接就地用标本夹进行预压。

2.2.7 采集花材整理

对于用于立体干花制作的植物材料,一般需要去除病弱残枝、侧枝,以免影响干制、漂白和染色,还应去除过密的叶、花(花序)和果枝,以免影响美观及干制时的通风。然后按照干花标准容量的大小进行分级和捆扎:月季5~10枝一束,益母草20~30枝一束,八仙花2~3枝一束。花材在干制、漂白后往往变脆、易碎,不便于整理操作。因此,整理工作最好能在干制漂白前进行。

对于用于平面干花制作的植物材料,一般需要去除残破的花材,疏除过密的花朵和花瓣(如菊科植物),或在压制之前从花序上剪取花朵(如千屈菜、美女樱),或者进行叶材的整形(如在叶脉内侧轻擦、展平、弯折),或者分解花朵剪取花瓣(压花)等。

2.3 干花原材料压制

对于用作平面干花的植物材料,要特别注意采集后的压制工作。

2.3.1 压制器具

采集的植物材料,应趁其新鲜舒展时尽快进行压制干燥,以保持完美的造型和色泽。常见植物材料压制器具的作用及使用见表2-2所列,压制时可根据工具的功能自由选择组合。

表2-2 压制器具及其作用

工具	作用及使用
剪刀	用于修整、分解花材
解剖刀	解剖刀可以将粗枝条、果实等不具平面的花材切分,使其产生平面,便于压制
镊子	用于移取、摆放花材。尖嘴镊还可以清理花托、果实内多余的部分

(续)

工　具	作用及使用
吸水纸	主要用于植物材料的干燥。吸水纸包括宣纸、面巾纸、报纸等
干燥板	干燥板可直接购买成品，厚度越厚吸水效果越好，可用烘干箱或微波炉干燥重复使用
海　绵	在植物压制时，尤其是对有一定厚度的花材，可以起到缓冲定型的作用，对于很薄的花瓣或者叶片压制时可以不使用
衬　纸	比较细腻、表面无纹路且干净的纸。直接和花材接触，防止花材压制中被污染及表面产生印痕，一些吸水纸可以作衬纸用
欧根纱	植物材料表面具有黏液，或者过薄时容易粘在吸水纸、衬纸上，无法取下，欧根纱可以起到隔离作用。由于植物材料大都有一定厚度，柔软的欧根纱可以隔离海绵，避免花材压干后表面有海绵印，又不易因花材厚度产生褶皱
瓦楞纸 标本夹 压花板	主要用于花材的定型，使其在压制中一直处于平面内，且受力均匀。硬纸板一般结合标本夹使用 需要具有一定的硬度和透气性，以便潮气可以散发
绑带、弓形夹	用于给花材加压，应具有一定的弹性和韧性
大密封袋	起密封隔离的作用，避免空气湿度的影响，使花材更快被压干
标签贴纸	用于记录植物名称和压制时间，便于操作科学规范

2.3.2　压制步骤

花材的压制通常包括三个基本环节：整理花材、摆放花材、定型干燥。

整理花材　是为了便于压制，获得造型理想的成品。包括对过大的花托进行修剪，对像绣球、飞燕草等由多个小花组成的大型花序进行疏花，对平面性差的枝干进行解剖切分，对重瓣多的月季、牡丹之类的花进行拆瓣等。

摆放花材　是将整理好的花材根据其形状、大小以及造型需要进行合理摆放。尽量节省空间、提高效率，但留有空隙不重叠。本着同质归类的原则，将同一厚度或硬度、水分含量相近的花材摆放在同一层压花板中，不同平面性和硬度的花材应该分层摆放，避免压制时受力不均。为了便于压干后的收集归纳，同种花材应尽量放在同一组压花器中，叶与叶靠近，花与花靠近。

定型干燥　包括吸水纸、干燥板、海绵等工具的排布，压花板的安置，绑带、弓形夹等的挤压固定。

下面以常见干燥板压花器为工具，以普通叶材为例，通过详细图解说明干花原材料压制的一般步骤(图2-1)。

①**整理叶材**　对带枝采集的叶材用剪刀进行修剪拆分，修剪时尽量保证叶片带叶柄，对于新长的嫩叶可以连同嫩枝多片叶子一起压。用纸巾轻轻擦拭叶片，去除叶片表面灰尘污垢(若肉眼可见干净无明显灰尘，可省略此步骤)。对于做护色处理的叶片，在压制前需要用干纸巾吸干表面药液。

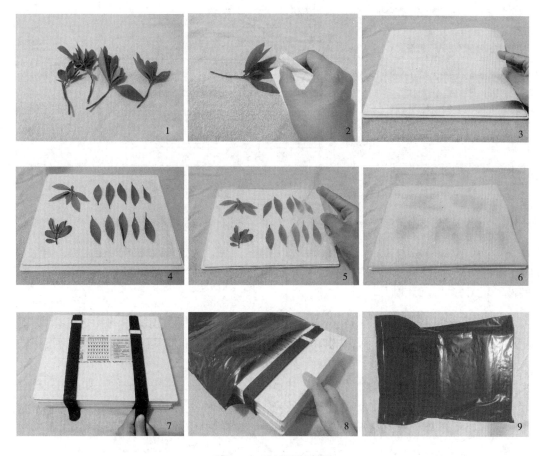

图 2-1 叶材压制步骤

②干燥板摆放　在桌面上放置一张压花板，在压花板上放置干燥板，再放置一张衬纸。

③摆放叶材　将整理好的叶材根据大小、形状和造型需要有序地摆放在衬纸上，一般将叶片的正面朝向衬纸，除有特殊造型外，需尽量平展放置。为充分利用空间，先摆放大叶片，再将小叶片插空摆放，叶与叶之间留有间隙，避免叠压。

④叠加干燥板　在摆放好的叶材上依次叠放欧根纱和海绵。欧根纱是为了隔离海绵以便于之后收取花材。从干燥板到海绵是一层叶片的摆放压制，同一组压花器中可叠放多层，一般为 6 层左右。在最后一层海绵上方另外加一张压花板，如图 2-2 所示。

⑤压制固定　用弓形夹或者绑带将两块压花板加压固定后装入塑封袋中。隔天打开整理花材，干燥板太湿时需要及时更换，一般 3~5d 即可压干。吸湿的干燥板可用干燥箱进行烘干，反复使用。

以上操作中使用的干燥板也可替换为吸水纸，如图 2-3 所示，根据叶片的水分含量放置 3~5 层吸水纸。若吸水纸质地不同，叠加时可将相对粗糙的吸水纸置于外侧；将相对细腻的吸水纸置于内侧，接触叶材。

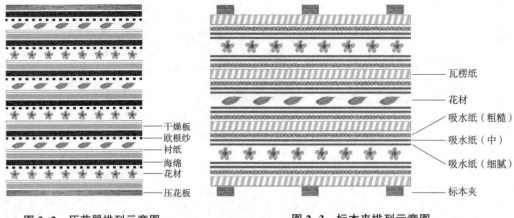

图 2-2　压花器排列示意图　　　　图 2-3　标本夹排列示意图

2.3.3　压制方法

2.3.3.1　特殊叶材压制方法

干花原材料压制步骤中叙述了一般叶材的压制方法，但由前文中的叶材选择可知，对于一些革质、表面蜡质、较厚的叶片需经过特殊处理才能使其压制干燥后保持良好的观赏效果，如广玉兰、香樟、石楠、山茶、鹅掌柴等。

具体方法是：压制前在叶片背面，用牙签、大头针等浅扎几个小孔，或者用砂纸轻轻打磨以破坏掉叶片表面保护层，有利于花材快速脱水，保持色泽鲜亮。部分花瓣较厚、表面蜡质不易干燥的花卉也可采用此法，如蝴蝶兰、石斛兰等。

2.3.3.2　花材压制方法

植物形态千奇百怪，各有不同，其中，花是植物材料中最富变化的，在压制时必须仔细审视辨别，选择合适的处理方式方能展示花材的美，获得完美的平面干花。

花朵有合瓣花和离瓣花两种，主要花形有辐射形、蝶形、漏斗形、钟形、唇形、轮状等。为了在创作中尽可能地使每种花材展现其最佳状态，丰富创作的构图形式和立体感，需要根据花朵花形、结构、含水量等的不同采用不同的压制方法。在创作中可以根据艺术需要自定。一般来说，花材的压制有整朵正压、整朵侧压、单瓣压（拆瓣压）、剖花压（半朵压）和花序压等几种方式。

（1）整朵正压

正压是将花朵花蕊部位向上，花瓣以花蕊为中心向四周展开压制（见彩图1、彩图2）。一般适用于单瓣花、花瓣较少的复瓣花、轻盈简单的花序等。花瓣较多的花朵，需要先进行剔花，在保留完整花形的基础上，将内部的花瓣剔掉一部分，如重瓣桃花、雏菊、日本晚樱、木槿等。对于筒状、钟状、唇形等合瓣花形的花朵，可以剪去花冠筒，只将花冠裂片沿中心展开压制，也可以将花冠筒保留，将花冠裂片仰角展开压制，如丁香、桔梗、大花六道木。正压也是各种植物叶片压制的主要形式，只需要将叶片按照其生长平面展开压制即可。

(2) 整朵侧压

几乎所有植物都可以使用侧压的压制形式。侧压需要将花朵沿上下轴线重叠，展现花朵背面的颜色和姿态，侧压时必须剔除花蕊，避免影响花瓣的干燥（见彩图3）。若需要展现花朵的正面，可以采用半朵侧压的形式，即沿花朵上下轴线去掉1/2再压制。对于花冠裂片外卷的花朵，可以借助胶带将卷曲的花瓣固定在一个平面上，或者用锋利小剪刀在卷曲弧度最大处剪开1/2长度，使其平坦后再压制，如百合、凌霄、玉簪；也可让其自由舒展，表现花朵的自然形态。

(3) 单瓣压（拆瓣压）

单瓣压也叫分解压，是指将离瓣花、重瓣花和过大的花，拆解成一片片的花瓣、花蕊、萼片（见彩图4、彩图5）。如菊花、牡丹、月季、大丽花、睡莲等。这种方式较为简单，只需将花瓣分离出来，平整地摆放在吸水纸上进行压制。部分植物花朵中间的雌蕊和子房较大且突出，很难去除，因此正压和侧压均较难实现，只能分解花瓣进行压制，如玉兰、百日草等。在单瓣压制时最好也将花萼、花蕊、花茎等部位分解出来一起压制，这样在花材干燥之后，就可以在平面上组合成一朵完整的花朵，用于压花的艺术创作。

(4) 剖花压（半朵压）

为了得到更加丰富自然的花型，一些半开的花和较鼓的花苞可以用小刀解剖成两半进行压制（见彩图6）。剖花压是去掉花萼、雌雄蕊等花冠之外的部分，将花冠和花冠筒沿上下轴线剪开，再展开平铺压制。这种压制方式适用于合瓣型的花朵，如杜鹃花、泡桐、金钟花、葱兰等。

(5) 花序压

一些植物花朵很小，其花序有着更高的观赏性，在这种情况下可以采取花序压的方式（见彩图7）。可以进行花序压的主要有穗状花序、总状花序、伞形花序、圆锥花序等。如接骨木、珍珠绣线菊、狗尾草、野萝卜花等。花序压之前需要对花序进行修剪，从观赏面观察花序，将被观赏面遮挡住的多余花朵剔除。花序轴较粗的还需要用镊子和锋利的小刀去除茎中的海绵体。

在实际压制中，为了尽可能保留植物的自然形态，便于后期构图，即使是同一种花卉也应将多种压制方式结合起来，以使各种造型都有，各个部位都有。

想要获得质量上乘的压花，需要在不破坏植物外观的基础上，尽可能地减少植物的含水量。为达到这个目的有两个技巧：一是去除植物组成部分中对外观无影响的结构，如子房、雌雄蕊、花萼等；二是使需要压制的植物材料尽可能薄，如去除重瓣花中间的花瓣、挑出茎中间的海绵体、用砂纸打磨厚叶片或革质叶片的背面等。

过厚的植物材料需要多加一层海绵加以缓冲定型，如图2-4a所示，由于厚花含水量较高不易干燥，压制时每组压花器可减少花材层数，甚至单层压制，花材上下都需要有干燥板。过薄的花瓣需要多加欧根纱避免粘在干燥板上（图2-4b）；牵牛花之类的薄花也可以先将新鲜花材按一定造型在单面贴纸上粘贴固定，再用压花板干燥。

2.3.3.3 枝材压制方法

枝材一般分为较软的枝条和硬枝花材。

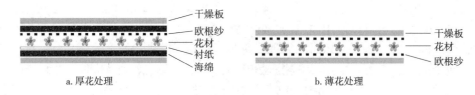

图 2-4 厚花薄花处理示意图

对于较软的枝材，如葡萄藤、地锦等，在压制时可先对枝材进行修剪和分解，剪下的叶片、小枝、卷须单独压制。注意修剪时尽量做到剪下的小枝上带有叶片。将较粗的枝条部分用解剖刀从中间纵向切分，可以获得平面以便于压制，甚至可以获得两组枝条，注意切分时两边叶片的分配。由于其柔韧性好，可以顺枝条的走势进行弯曲或者盘旋，塑造自然优美的曲线。为了避免其自动回复初始状态，在摆放时可以采用胶带进行定型，在胶带和枝材接触的部位可垫一层纸巾隔离，以免撕掉胶带时损伤枝材。

对于木质化硬枝花材，如梅花枝、桃花枝等，压制时可根据枝条上花朵开放程度的不同，压制出不同姿态的花朵。将盛开的花朵沿基部剪下正面压制，将半开的花朵剪下侧面压制，留花蕾在枝条上，用刀将枝条纵向剖成两半，去除中间的木质部，解剖时尽量避免伤害花蕾。

2.3.3.4 蔬果压制方法

蔬果压制难度较高，在压制中根据所选材料的具体特点对其进行特殊处理。如压制草莓和葡萄等肉质类果实，用解剖刀将果材纵向切分，将内部的籽实、厚的果肉等杂物清理，保留果肉壁厚约 0.3cm，在其中填满干燥清洁的吸水纸以支撑外形，使果皮面向上进行压制，在压制干燥期间需频繁更换干燥板。大多数植物的果实水分含量高，且汁液具有黏性，在压制时需先用吸水纸轻按，将表面汁液擦拭干净再摆放，在贴近果材的上下两层加欧根纱隔离，防止粘连。一组压花器中应减少果材层数，甚至可以单层压制。由于果材的水分容易污染干燥板，可固定果材专用器材，或者使用一次性吸水纸。

像辣椒、秋葵之类的材料，可尝试纵切以获得形象统一的材料，也可横切获得有趣味性的造型，甚至中间的籽实清理出来后也可以单独进行压制。

小　结

本章主要介绍了干花原材料选择、干花原材料种类、干花原材料采集和压制等内容。通过本章的学习，学生可以了解如何进行立体干花和平面干花原材料的选择；掌握干花原材料采集和压制方法，并能根据后期作品制作的要求选择性地采集植物种类并采用不同的压制方法；采集和压制的实践可以让学生亲近自然、关注自然，增强对植物和生命的感受力。

思考题

1. 立体干花原材料和平面干花原材料在选择时有什么异同？
2. 干花原材料采集和压制时有哪些注意事项？
3. 花材的压制与后期平面装饰品制作有什么联系？

推荐阅读书目

1. 干燥花制作工艺与应用(第 2 版). 洪波. 中国林业出版社，2019.
2. 压花艺术. 陈国菊，赵国防. 中国农业出版社，2009.
3. 家庭简易压花. 赵国防. 天津科学技术出版社，2006.
4. 压花艺术. 朱少珊. 中国林业出版社，2017.

3 花材干燥技术

在干花艺术品创作过程中，干燥是极为重要的一个环节。植物材料的干燥程度与干花的品质和保存期直接相关。干燥时要求花材的含水量不能超过安全限度，否则极易引起花材品质退化，同时，还要保证花材的形状、色泽等外观指标。

3.1 干燥用具与方法

干燥用具主要包括：
①处理花材的工具　如镊子、剪刀、小刀、细砂纸等。
②吸水材料　如干燥板、微波压花板、吸水纸、硅胶、干燥沙等。
③加压工具　如重物、标本夹、压花器等。
④加温设备　包括电加热设备、烘箱、微波炉、电熨斗、干花机等。
⑤装花材的容器　常用的有带盖的塑料容器或玻璃容器。
⑥密封容器的材料　如胶带、凡士林等。

在干花制作过程中，如何使植物材料在保持原有形态的基础上快速失水是干燥处理的关键所在。干燥的方法较多，可分为自然干燥法和强制干燥法。自然干燥法是将植物材料放在凉爽、干燥、空气流通处，令其自然风干。自然干燥法主要包括用于立体干花制作的悬挂干燥法、平摊干燥法、竖立干燥法以及用于平面花材制作的重压干燥法。强制干燥法是指通过促使植物材料中的水分快速置换出体外，同时最大限度保持其整体效果的方法，是现代规模生产干花材常用的方法。强制干燥法主要有加温干燥、低温干燥、真空冷冻干燥、干燥剂包埋、液剂置换等技术。在制作时要根据植物材料的特性和艺术品构型的需要，选用最适合的干燥方法。

3.1.1 自然干燥法

利用自然的空气流通，除去植物材料中水分的方法。此法为最原始、最简易的干燥法。该法多用于纤维素含量高、含水量低、花型小的花材。花朵较大、含水量较高者采用自然干燥法会使材料严重收缩变形，甚至发生霉变。野生植物比较适合此法，如芒草、狗尾草等。

3.1.1.1 立体花材自然干燥

依植物材料摆放方式的不同，可分为悬挂干燥法、平摊干燥法、竖立干燥法。

(1) 悬挂干燥法

适用于有一定长度茎秆的花材大的材料，如月季、麦秆菊、鸡冠花、向日葵、非洲菊等，最好单支悬挂晾干。为了保持花材挺直，有时也可采用此法。制作前需要注意在早晨露水干后采集花材，采收后把茎剪成所需要的长度，除去少量叶片和多余的侧枝以及破损的部分，用橡皮筋或细绳将植物材料一小束一小束扎好，以花穗向下的方式悬挂于干燥通风处，使其自然风干。注意每束植物材料不宜过多，悬挂时每束植物间应有适当间隙；随着花材的干燥，原来扎好的花束很容易松脱，因此需要随时注意观察并将其扎紧。待花枝彻底干燥后喷上抗蒸腾剂，插进花瓶中即可。悬挂干燥法是早期常使用的干燥花材的方法。

(2) 平摊干燥法

适用于茎软、穗重的材料，如高粱、谷穗、稻穗等。对于一些花瓣单薄柔嫩，悬垂倒挂易翻卷变形的花材，也可采用平摊干燥法，即选用金属组织网或其他有孔的平板材料，将花枝下端垂直穿过网眼，使花朵端正舒展地平托在网片之上，令其自然风干。有些不易捆扎的植物材料也可采用此法，如松果等。一般将植物材料平放于干燥通风处，摆放时要稀疏，不要重叠，以免因相互压迫而造成花穗变形。

(3) 竖立干燥法

适用于硬枝或多花头、花序柔软下垂材料的弯曲干制，如千日红、麦秆菊等。将无秆的植物材料接以铁丝插于空容器中，放置在干燥通风处。在需要有下垂效果时，可直接将植物材料插入空容器中，待其自然干燥时，露在容器外的花枝就会自然弯垂。

3.1.1.2 平面花材重压干燥

重压干燥是给植物材料以适当的压力，使其保持优美形态，是制作平面压花常用的干燥方法。重压干燥法可分为自然重物干燥法、压花器干燥法等。

(1) 自然重物干燥法

自然重物干燥法也称简易干燥法、重压干燥法，需要使用吸水纸、厚纸板、重物三种材料，在常温通风环境下进行干燥。自然重物干燥法是操作最简单、成本最低廉、更适合普通大众压花的一种方法。吸水纸可以用报纸、生活用纸、草纸、宣纸等平整、较薄、具有良好吸水功能的纸代替，重物应选择重量均匀、底部平整的物体，如砖块、书本、装上水的可密封容器等。

自然重物干燥之前需对植物材料进行整理，对需分解压制的植物材料进行分解，对需破坏表面蜡质层和角质膜的植物材料可用细砂纸轻轻打磨，然后将植物材料均匀平放在吸水纸上，植物材料不能重叠，要有一定的距离，厚度不同的植物尽量放在不同层，最后在植物材料上面盖一片吸水纸。有的植物材料较厚，需要用平整的厚纸板将其与其他植物材料隔开，起到缓冲隔水的作用。每层植物材料之间垫以足够的吸水纸，然后将多层夹好植物材料的吸水纸叠放起来，上下各放一个硬纸板，夹紧，防止植物材料在快速脱水过程中收缩。最后，在最上层放上重物施以适当的压力，待植物干燥后取出。

重压干燥时应注意：所加压力应当适中，对质地厚实坚韧的植物材料压力可大些，如牡丹、松果菊、百日草以及大部分叶材；对软嫩较薄的植物材料压力应小些，如鸭跖草、美女樱、鸢尾、婆婆纳、连翘等，以免花材与吸水纸因贴得过牢而难以取下。在实践中，也可以用书本代替硬纸板，将花材和吸水纸夹到书中，压上重物。

干燥过程中应更换吸水纸，以免内部湿度过大引起植物材料霉变。一般需要在压制后的第 24h、72h 和 120h 之内更换吸水纸，对于部分含水量高的植物在前 5d 每天都需要换纸。植物材料摆放量应适当，不可因过密或重叠而造成难以干燥。

使用自然重物干燥法的植物材料，在室温 20℃ 以下时的干燥时间需要 8~15d；在室温 20℃ 以上时的干燥时间需要 3~10d。

（2）压花器干燥法

压花器是一套完整的压花装备，目前市面上销售的压花器有两种，一种是由厚木板、干燥板、海绵、衬纸、拉力绑带、密封袋组成的绑带压花器；另一种是由有孔木板、干燥板、海绵、衬纸、螺丝、螺帽、密封袋组成穿钉式压花器，穿钉式型压花器价格比拉力绑带型的压花器价格稍高。压花器干燥法十分便捷，可以随身携带，干燥时间较短，干燥板可以通过微波炉或烘箱加热干燥反复使用，但其缺点是成本较高，部分植物材料干燥后无韧性、较脆易碎。

干燥时按照干燥板、衬纸、植物材料、衬纸、海绵、干燥板的顺序叠放，具体步骤如图 3-1 所示。水分多的植物材料，可以在第二天或第三天抽出其潮湿的干燥板，放入烤箱或微波炉内烤干，用微波炉干燥一块干燥板只需要用中高火力处理 1min 左右即可，拿出来放凉，再放入原位继续吸水，直到植物材料压干为止，应注意的是在干燥下一块干燥板之前，需要擦干微波炉内的水分。视植物材料的质地和含水量而定，使用此法干燥时间为 1~5d 不等。不同植物材料的压花器干燥时间大不相同，例如，楸树花需要用压花器处理 5d，紫藤需要 4d，山茶需要 5d，而鸢尾只需要 2d，还有一些含水量较

第一步：放上干燥板

第二步：放上衬纸（衬布）

第三步：摆放好花材再盖一层衬纸

第四步：放上海绵（缓冲作用）

第五步：每层叠好后盖上木板

第六步：用力绑上拉力绑带

用微波炉加热湿润的干燥板

图 3-1　压花器干燥法步骤

低、质地较薄的植物，如流苏树、木绣球、雪球荚蒾等，用压花器处理只需要1d就可得到平整干燥的压花。

自然干燥法操作简便，无需购买仪器设备，但耗时较长，占用空间较大。而且自然干燥后的花材花瓣易皱缩脆裂，颜色变淡，对花材干燥效果影响较大。

3.1.2　强制干燥法

强制干燥法是采用一定的仪器设备或者化学药剂人为加快干燥速度的方法，主要包括加温干燥法(微波炉干燥和烘箱干燥)、低温干燥法、真空冷冻干燥法、干燥剂包埋干燥法、液剂置换干燥法等技术。

3.1.2.1　加温干燥法

有些植物在常温干燥法下，由于干燥速度较慢，自身色素较不稳定或含水量较多，会发生一定程度颜色迁移或褐化的现象，可以通过加温干燥迅速脱水以达到保色的目的。

加温干燥法是给植物材料适当加温，促进水分加速蒸发的干燥方法。常用烘箱、干花烘干机和微波炉等来加温干燥，近些年来也有人使用家用烤箱、空气炸锅等设备。

可以用自然风干法制作干花的植物材料都可用加温干燥法，该法速度快，干燥彻底，温度易控制而且保形、保色效果良好。此法适用于含有热稳定性较强的类胡萝卜素、金属络合花青素为主要呈色因素的植物材料。对于含有热稳定性较差的黄酮类和花青素及单宁类色素的植物材料，用此法不甚理想。

下文重点介绍微波炉加温干燥法和烘箱加温干燥法。

(1) 微波炉干燥

微波技术是近代发展起来的新兴技术，微波炉干燥法利用电磁波以及瞬间产生的强大热量，可几十倍成百倍地缩短干燥时间，提高干燥速率，对干花加工有着重要意义。植物材料在微波场中吸收微波能量转化成热量，使植物材料中的水分快速升温，从而加快蒸发过程，使细胞快速死亡，氧化反应快速停止，对部分在常温干燥中容易变色的植物可以起到保色的作用。另外，微波具有很强的穿透能力，它对植物材料的加热过程为内外一起加热，一般不会产生结壳的现象。由于微波只作用于极性分子，故为选择性加热，可使植物材料干燥均匀。微波干燥效率极高，对保证干花品质极为有利。而且经过微波处理的植物材料可以保存得更为长久，因为微波炉所产生的电磁波以及瞬间产生的强大热量可以在干燥植物材料的同时将其内外部的微生物和虫子一并杀死，从而达到灭菌的效果。

但是微波炉干燥通常只适用于含有较强热稳定性色素的植物材料。有些植物材料的节间等部位具有特殊物质和结构，在微波作用下易燃烧，不适用此法。有些植物色素不耐微波辐射，在微波炉加温下易变色，也不适用微波加温干燥。另外，需要注意的是，采用微波干燥法时，微波炉内严禁放入金属物品，甚至带有金、银花饰的瓷器也不可使用，可以使用玻璃制品。

干燥立体花材时，在微波干燥时可以使用干燥介质。硅胶、干燥沙或者硅胶和干燥

图 3-2 微波干燥法

沙的混合物都可以作为干燥介质（图 3-2）。在微波干燥时先在容器底部倒入一定的干燥介质，把鲜花插进干燥介质里进行固定。围绕花朵周围缓慢倒入干燥介质，直到干燥介质慢慢埋没花朵，切勿一下倒进去把花瓣压扁影响干燥效果。用干燥剂包埋住花材，无须加盖，直接放入微波炉的转盘上。在取出时为防止烫伤需要用打湿的毛巾垫在手上后再取出来。微波炉干燥的时间根据炉型、花的数量而定，有些浆果类在微波炉中容易破裂，所以应首先将它们放在阴凉、干燥、通风处风干至少一周。这种烘干方式适用于那些可风干花类，如月季、八仙花、雏菊、金盏花等，还有一些草本类如蒲苇、纸莎草等。

　　干燥平面花材时，花瓣质地通常会有局部皱缩甚至不平整，一般高温干燥时间越长，皱缩现象越明显，这是由于在干燥过程中，细胞快速失水，原生质体收缩，对细胞状态起支撑作用的膨压下降，较薄的细胞壁承受不了原生质收缩和外界大气压所产生的牵拉作用，导致花瓣发生不均匀的皱褶和缩小，使得花瓣在形态上表现出皱缩。因此在用微波炉干燥平面花材之前，需要将植物材料放在吸水纸之间，并用厚纸板或陶瓷片紧紧夹住，防止其在快速脱水过程中皱缩，用绳子扎紧或用重物压紧。在日常压花实践中，可以先用微波炉把植物材料处理到八成干，再用自然重物压制法处理 1d，这样相对于自然重物干燥法更快速，获得的花材质量更好。并且比在微波炉中直接完全干燥的植物材料更加平整，也不会因为微波炉干燥时间太久造成植物材料太脆易碎或焦褐。

　　每一种植物材料最适合加热的温度和时间不同，其中，温度对植物材料干燥过程中的色变和质地变化的影响很复杂，当温度较高时，酚类色素稳定性下降，酶活性和微生物活跃性增高，植物内部化合反应加强，色变反应加剧，但是较高的温度可以使得水分快速蒸发，部分植物材料因此能够获得较好的综合干燥效果。在较低温度时，酶活性被抑制，然而较低温度，植物失水速率降低，需时较长，干燥后可能难以达到保色效果，在质地上也较差。因此，适宜的温度和时间一直是压花干燥技术的关键所在。建议在干燥前做一下预试验。

　　每次微波炉干燥，只能放入一种植物材料，然后设定最佳的干燥火力和时间。通常高火力需要 30~120s，低火力需要 120~200s。例如，对粉色八仙花使用微波炉 50% 火力处理 130s 可以获得最佳效果；红花玉兰用微波炉 100% 火力干燥 60s；蜀葵花瓣的最佳干燥方法是微波炉 80% 火力处理 80s；月季是微波炉 30% 火力干燥 150s；红花檵木适合用微波炉 30% 火力干燥 120s；木槿则是先使用微波炉 50% 火力处理 50s，拿出更换吸水纸后再干燥 60s 能够获得最佳效果，类似木槿这样极薄的花瓣材料，在采用加温干燥时，都可以采用这样间隔干燥的方法，防止一次性干燥过程中花瓣与吸水纸粘连。

有的植物材料不能一次性干燥到位，总之，每种植物材料最佳的干燥温度和时间是提高压花效率和质量的重要因素。

有的植物使用微波干燥法压制与使用自然重物干燥法压制的效果差别不大，但是为了提高干燥效率，也可以用微波干燥法替代，可以大大提高量产速度。

（2）烘箱干燥

烘箱干燥和微波炉干燥的操作相似，使用烘箱干燥，温度提升较慢，植物材料吸收热量的速度也较慢，相当于长时间加热植物材料，如果温度和时间设置不合理，反而会加速植物的褐化和皱缩。因此，使用烘箱干燥，要慎重选择植物种类，如选择热稳定性较强的类胡萝卜素，金属络合花青素为主要色素的植物材料。

立体花朵烘箱干燥时，可以直接把带花枝的花朵放入进行干燥（图3-3）。有时为了获得较好的定型效果，需要先进行干燥剂的填充和包埋。在干燥容器玻璃杯内均匀地撒入厚4~5cm的干燥剂，将花朵向上放在干燥剂上，依次间隔放入，然后用小匙将备好的干燥剂一点点地撒在每朵花的花瓣之间，让干燥剂的颗粒充满每朵花的花瓣里，将其包埋好放进烘箱里进行干燥。干燥平面花材时，需要先将花材平压好才能放入烘箱。根据花材大小和含水量设置烘箱的温度和加热的时间。例如，压制好的金丝梅在60℃烘箱中干燥2h效果较好；银杏秋色叶在50℃烘箱中干燥1.5h效果较好。

图3-3　烘箱干燥法

虽然烘箱干燥速度不如微波炉干燥速度快，但烘箱内部的空间较大，可以一次性干燥大量植物材料，在植物材料可以耐受一定温度不变色的情况下，使用烘箱干燥能够大大提高部分植物材料的干燥速率。

（3）电熨斗干燥

电熨斗干燥法就是用电熨斗来熨新鲜的植物材料以除去花朵或叶片中的水分。部分植物材料采用这种方法干燥可以很好地保持原来的颜色。常用于平面花材的干燥。

使用电熨斗干燥方法，首先放一层吸水纸，在吸水纸上摆放好植物材料后，在其上覆盖一层吸水纸，也就是将新鲜的植物材料摆放在两层吸水纸之间，然后将熨斗温度调到低档，在吸水纸上压熨，要特别注意的是，不能像熨衣服一样前后移动。在实际操作过程中，可以将植物材料熨至九成干，然后夹到吸水纸中，使用重物干燥法压制一晚，第二天便可完全干燥。薄质花材易脆裂，不宜采用此法。这种方法的原理是用电熨斗加温使植物材料快速脱水而干燥，虽然可以快速获得干燥的平面植物材料，但对于许多植物而言，因其受高温易变色或保色不持久，所以保色效果不如其他几种干燥方法好。

3.1.2.2　低温干燥法

低温干燥法是以0℃以上、10℃以下的干燥冷空气作为干燥介质的干燥方法。此法适用于热稳定性较差的酚类色素和易发生非酶褐变的植物材料,如梨花等。由于低温有很强的抑制酶活性的作用,制作的干花保色性好,但其水分蒸发较慢,需要良好的通风排湿设备辅助,而且处理时间较长。

可以用加温干燥法的植物材料通常也可以用低温干燥法。但是原产于热带、亚热带地区的植物材料不耐寒、不耐冷藏,不宜采用低温干燥法。此法因条件要求高、耗时长,一般较少采用。

3.1.2.3 真空冷冻干燥法

真空冷冻干燥是在真空干燥的基础上,通过预冻将植物材料中的水分冻结成固体,再在真空状态下,将固化的水分不经液化而直接升华为水蒸气,以达到干燥的目的。真空冷冻干燥法是近年兴起的干燥花材的新方法。

真空冷冻干燥立体花材操作步骤如下:①花材采后先将花材放入冰箱里进行预冻,冰箱的温度可以选择4℃、-20℃、-40℃,具体预冻时间因花材而异,一般-40℃冰箱可以预冻2h后拿出。②将花材从冰箱里拿出来后需要立刻放进真空冷冻干燥机,花材接触空气会很快萎蔫,所以在无准备的时候先不要把花材拿出来。③打开真空冷冻干燥机的盖子,拿出托盘,将花材放进托盘中,用保鲜膜包裹住托盘防止因花瓣在机器运行时掉入机器而损坏机器。④将机器盖子盖紧,仔细检查好盖子等确保没有缝隙后打开机器开始运行。运行时刻观察机器运行情况,根据花朵大小和含水量调整干燥时间,如八仙花6h可完全干燥。⑤冷冻结束后将花材取出,清理干净托盘里的残渣,去除机器里的冰块,擦干水分对机器进行养护。此法适用于含热稳定性较差的酚类色素和易发生非酶褐变的植物材料,如梨花、白玉兰等。该方法干燥效率高、速度快,适合于花型较大的花朵材料,如月季、八仙花、芍药、牡丹、木绣球等,能最大程度保持干花的形态、色泽和芳香。在低温和真空环境下,可以很好地抑制酶活性,所以大部分植物材料干燥后均能保存较好的色泽,有很好的应用前景。但真空冷冻干燥法有以下不足:①操作较复杂;②处理时间较长,耗能大;③设备投资相对较高;④空间较小,干燥的花材数量较少。

3.1.2.4 干燥剂包埋干燥法

对于含水量高,较难维持刚性效果的花材,采用一般的加温、低温或自然干燥法都会因植物材料皱缩变形失去观赏价值。包埋干燥法由于保持了花材良好的定型效果,因此适用于花瓣层数多、瓣片卷曲、花朵硕大的花枝,如干燥月季、芍药、牡丹等含水量高的大型花材。

干燥剂包埋干燥法是通过干燥剂的吸水特性除去花材水分,实现花材的干燥。操作时用干燥剂将花材淹没,置于自然环境下或者放入恒温干燥箱中,使花材内水分被吸收而干燥。常用的干燥剂有变色硅胶和干燥沙。由于变色硅胶有很强的吸湿性,当硅胶颗粒是粉色时说明已经吸收了空气中的水分,包埋之前需要将变色硅胶加热成蓝色。

干燥立体花材时,在干燥容器或塑料盒内均匀地撒入厚4~5cm的干燥剂,将花朵向上放在干燥剂上,然后用小匙将备好的干燥剂一点点地撒在每朵花的花瓣之间,让干燥剂的颗粒充满每朵花的花瓣里，将其包埋好。全部撒好后盖严盖子，如果盖子密封不严时可以用胶带将盖缝封住，以阻止空气中的水分进入干燥器内。经过3~5d，用镊子夹出花材即可，随时使用。注意要使花朵防潮、防晒、防尘。月季、八仙花、小苍兰、蝴蝶兰、蜡梅等大多数花材都可采用该方法得到立体的花朵。

硅胶干燥平面花材时，需要用到木质板、吸水纸、夹子、硅胶和密封箱。木质板应尽量轻便、透气性能好，在板上钻一定数量的孔，以便透气和散发水分。植物材料也放在吸水纸中，每3~4层吸水纸上放上一块厚纸板缓冲隔水。将吸水纸和厚纸板整体叠好后，上下叠上钻好洞的木板，四边用夹子夹紧，然后放入密封箱中，再倒入一瓶硅胶，密封好箱子即可。

干燥介质不同，干燥效果也会不同。如采用干燥沙干燥后的八仙花花瓣平展，保色性好，采用硅胶干燥后的花瓣上有凹凸颗粒感，花瓣的皱缩明显，保色性不好(见彩图8)。

3.1.2.5 液剂置换干燥法

液剂干燥法用液剂来代替花材中的水分，充分发挥液剂的持久性和非挥发性，同时也让花材保持较多的液态成分，增加组织内部的膨压，使花材能够在较长时间里保持新鲜状态，也在一定程度上保持花型。

利用液剂对水分的替代和保持作用，制成的干花具有好的光泽和柔软的质感，可以避免花材易碎的问题，保色性好，适用于各类型花材。但在高温环境中易出现液剂渗出和花材发霉、色彩较暗等现象。常用液剂有甘油、丙酮、乙醇和聚乙二醇等。液剂干燥可分为浸渍干燥和内吸干燥。

①浸渍干燥　在玻璃杯中倒入甘油和热水(甘油：热水＝1∶2)，充分混合，直到混合物澄清为止，或者用不含水的乙醇和丙酮，然后将新鲜花或枝叶放入液剂中进行浸渍，时间根据花枝的厚薄而定。取出后放在干燥通风、温暖、无直射光的地方，自然晾干表面水分即可。采用此法干燥得到的花材较柔软，且可保持颜色不褪色，适用于中小型花卉。使用乙醇或者丙酮作为液剂时，需要将花材迅速放入后密封。另外，丙酮挥发性很强，注意在操作时戴好手套、口罩，并做好通风处理。

不同花材使用乙醇和丙酮浸渍干燥后的效果是不一样的，如无水乙醇干燥粉色八仙花会出现褪色现象，而干燥蓝色八仙花保色效果较好；丙酮干燥粉色八仙花会出现颜色迁移变为蓝色(见彩图9)，因此，实际干燥花材时最好先做预试验观察。

②内吸干燥　利用具有吸湿性且挥发性较弱的有机溶剂处理材料的干燥方法。如把花材基部插在一定浓度的甘油中，让甘油逐步替代花材中的水分，并保持一部分水分，该种干燥方法还可以起到软化花材的作用，以防止花材脆裂易断。

3.1.3 干燥方法综合运用

上述各种干燥方法，由于每种干燥方法各有其优缺点，为了获得更好品质的干花原材料，在实际制作中常将它们进行合理的综合使用，以达到更好的干燥效果。如永生花的制作就是将真空冷冻干燥法和液剂干燥法相结合。在干燥实践中，也可将自然重物干燥法与干燥剂包埋干燥法相结合，将干燥剂包埋干燥法与加温干燥法相结合，以获得质量较高的干花原材料。

3.2 干燥后花材存放

3.2.1 干燥后立体花材存放

为保证干花及其饰品能持久地观赏1~3年或更长，因此，干燥后花材的保存需要做到防潮和防褪色。未使用的干花要用纸箱装好，放在通风处，箱底要垫高，防止花材因接触地面而受潮，同时也要经常检查，定期翻晒。插在花瓶中的干花也要放在通风处，不要置放于潮湿之处或是不通风的角落，并且要经常晾晒，以防霉变。尤其是梅雨季节更要注意防潮。干花要注意避免阳光直射，以较好地保持染后颜色。因此，在摆放干花时，应尽量避开过强的光照。另外，干花要防尘，以免影响色泽，可以经常用干布擦拭，或用电吹风清理，以保持其欣赏价值。一些不正确清除灰尘的方法都可能引起干花观赏品质下降，应谨慎使用。如果干花中有麦秆菊、鳞托菊等易发生虫害的花材，应定期向其喷布杀虫剂。同时还应注意防晒和防风等问题。

3.2.2 干燥后平面花材存放

压制好的各种花叶，在保存过程中易受外界环境因子的影响，从而降低平面干燥花材的品质和观赏效果。如花材中的色素会在光的作用下发生氧化反应和光解作用，造成花材褪色，鲜艳程度下降；花材受潮会发霉、发黑，从而影响花的观赏价值；部分花材种类易受虫子侵害，严重危害平面干花的观赏价值。因而压好的花材一定要进行整理，预防光照、温度、湿度、细菌等对材料的损害。

平面花材保存可以使用硫酸纸、密封袋、变色硅胶、密封箱、防虫剂、干燥片、干燥箱、电子干燥柜(图3-4)。

下面介绍一种保存方法：

图3-4 干燥花材整理保存工具

①取半透明硫酸纸对折,硫酸纸需要有一定硬度,但不宜过硬而难以折叠。用镊子将压好的花材放置在对折过的硫酸纸中间,注意分类,将相同花材放在一起,硫酸纸四周取1cm左右向上折叠,将花材包在其中,硫酸纸上注明花材名称、采集时间和地点。

②将包好的花材放入自封袋,挤出每个袋子的空气,然后拉上拉链密封。如果条件允许,可在各袋子内放入一小片干燥剂和防虫剂。

③准备密封箱,把烘干的变色硅胶放入密封箱内。将封好的袋子像文件一样编排整齐放入箱内。可以根据花材名称按字母顺序排列,也可以按照花材颜色进行排列,或者按照花材类别(如叶片、花朵、蔬菜、水果等)进行排列。在箱内放入防虫剂,盖上盖子,扣好密封卡扣。也可放入干燥箱或者电子干燥柜中。

④将密封箱放置在干燥避光处保存。定期进行检查,如硅胶变色则取出烘干后重新放入密封箱内。为了展现最完美的外观,压制好的花材应尽快使用。

小　结

本章介绍了干花原材料的干燥技术,从立体花材的干燥和平面花材的干燥两个方面讲述了各种干燥方法的应用和干燥后花材的存放。通过本章的学习,学生可以系统地掌握各种自然干燥方法和强制干燥方法,并在实际操作中有选择地使用不同的干燥方法,从而获得干花原材料。

思考题

1. 干燥花材的方法有哪些?
2. 同一种花材采用不同的干燥方法,干燥效果会有什么差别?
3. 如何进行干燥后花材的保存?

推荐阅读书目

1. 干燥花采集制作原理与技术. 何秀芬. 中国农业大学出版社,1993.
2. 干燥花制作工艺与应用(第2版). 洪波. 中国林业出版社,2019.

4 干花保色技术

干花的制作需要尽量保持植物原有的色彩,因此植物材料在干燥过程中的保色对干花质量起着关键性的作用。关于植物色素的研究自19世纪开始未曾中断,植物色彩形成不仅与所含色素息息相关,还与色素含量、细胞内色素的理化性质、花瓣内部或表面构造等多种因素有着或多或少的关系。在植物材料的干燥过程中,pH变化、助色素及金属元素相互作用等多方面因素会导致花材变色。另外,植物在干燥过程中,环境温湿度、光照、不同吸水介质等外界因素也会对植物干花的保色造成一定的影响。

4.1 植物材料在干制过程中色变现象

不同植物的干燥效果不同,大部分植物材料在干燥过程中都会发生色泽上的变化,这种变化称为色变现象,主要包括褐变、褪色、颜色迁移和颜色加深等。在干燥后保持原色的植物是干花原材料的最优选择,良好的保色性减少了创作过程中的不确定性,因此使花材保持原有的颜色,是干花制作技术的关键。

下文以自然重物干燥法为例,详细说明花材在干燥过程中的色变现象。

4.1.1 颜色保持良好

颜色保持良好是指植物材料的主要颜色在压制前后不变或变化不明显,具体植物种类见表4-1所列。这类植物所含色素大多较稳定,如含有大量胡萝卜素,因此许多橙黄色系植物在干燥前后的颜色基本不变。白色系植物所含色素极少,因此干燥前后的颜色变化与植物含水量和植物含有的其他物质有关,如单宁。一般来说,含水量较低的植物材料干燥后不会发生褐变等现象。

(1) 白色系植物

白色系植物所含色素主要是黄酮类色素,甚至有的白色花只含有这类色素,如白色风信子、白色杜鹃花、非洲紫罗兰、金鱼草、大丽花等。黄酮类化合物具有酚羟基,显酸性,所以在酸性、中性条件下较稳定。酚羟基见光、受热易分解,所以黄酮类色素在

表4-1　颜色保持良好的植物材料

色系	植物名称	拉丁学名	科属
白色	滨菊	*Leucanthemum vulgare*	菊科滨菊属
	白花石榴	*Punica granatum*	石榴科石榴属
	夹竹桃	*Nerium oleander*	夹竹桃科夹竹桃属
	雪球荚蒾	*Viburnum plicatum*	忍冬科荚蒾属
	蜀葵	*Althaea rosea*	锦葵科蜀葵属
	紫薇	*Lagerstroemia indica*	千屈菜科紫薇属
	波斯菊	*Cosmos bipinnata*	菊科秋英属
	白花草木樨	*Melilotus albus*	豆科草木樨属
	大花六道木	*Abelia×grandiflora*	忍冬科六道木属
	芙蓉葵	*Hibiscus moscheutos*	锦葵科木槿属
	葱莲	*Zephyranthes candida*	石蒜科葱莲属
	肥皂草	*Saponaria officinals*	石竹科肥皂草属
	珍珠梅	*Sorbaria sorbifolia*	蔷薇科珍珠梅属
	绣球荚蒾	*Viburnum macrocephalum*	忍冬科荚蒾属
	木槿	*Hibiscus syriacus*	锦葵科木槿属
	木藤蓼	*Fallopia aubertii*	蓼科何首乌属
	雏菊	*Bellis perennis*	菊科雏菊属
	葱	*Allium fistulosum*	百合科葱属
	一年蓬	*Erigeron annuus*	菊科飞蓬属
	荠	*Capsella bursa-pastoris*	十字花科荠属
	梅	*Armeniaca mume*	蔷薇科杏属
	杏花	*Armeniaca vulgaris*	蔷薇科杏属
	繁缕	*Stellaria media*	石竹科繁缕属
	山桃	*Amygdalus davidiana*	蔷薇科桃属
	皱皮木瓜	*Chaenomeles speciosa*	蔷薇科木瓜属
	珍珠绣线菊	*Spiraea thunbergii*	蔷薇科绣线菊属
	紫叶李	*Prunus cerasifera*	蔷薇科李属
	紫丁香	*Syringa oblata*	木樨科丁香属
	白鹃梅	*Exochorda racemosa*	蔷薇科白鹃梅属
	梨	*Pyrus* spp.	蔷薇科梨属
	李	*Prunus salicina*	蔷薇科李属
	日本晚樱	*Cerasus serrulata*	蔷薇科樱属
	海棠花	*Malus spectabilis*	蔷薇科苹果属

(续)

色 系	植物名称	拉丁学名	科 属
白 色	桃	*Amygdalus persica*	蔷薇科桃属
	夏至草	*Lagopsis supina*	唇形科夏至草属
	鸡 麻	*Rhodotypos scandens*	蔷薇科鸡麻属
	苹 果	*Malus domestica*	蔷薇科苹果属
	文冠果	*Xanthoceras sorbifolium*	无患子科文冠果属
	樱 桃	*Cerasus pseudocerasus*	蔷薇科樱属
	石 竹	*Dianthus chinensis*	石竹科石竹属
	虎耳草	*Saxifraga stolonifera*	虎耳草科虎耳草属
	泽珍珠菜	*Lysimachia candida*	报春花科珍珠菜属
橙 黄	月 季	*Rosa chinensis*	蔷薇科蔷薇属
	结 香	*Edgeworthia chrysantha*	瑞香科结香属
	迎春花	*Jasminum nudiflorum*	木樨科素馨属
	蜡 梅	*Chimonanthus praecox*	蜡梅科蜡梅属
	金钟花	*Forsythia viridissima*	木樨科连翘属
	山茱萸	*Cornus officinalis*	山茱萸科山茱萸属
	连 翘	*Forsythia suspensa*	木樨科连翘属
	棣棠花	*Kerria japonica*	蔷薇科棣棠花属
	蛇 莓	*Duchesnea indica*	蔷薇科蛇莓属
	黄刺玫	*Rosa xanthina*	蔷薇科蔷薇属
	茶藨子	*Ribes nigrum*	虎耳草科茶藨子属
	金丝梅	*Hypericum patulum*	藤黄科金丝桃属
	金鸡菊	*Coreopsis basalis*	菊科金鸡菊属
	蜀 葵	*Althaea rosea*	锦葵科蜀葵属
	百日草(橙、黄)	*Zinnia elegans*	菊科百日菊属
	松果菊	*Echinacea purpurea*	菊科松果菊属
	向日葵	*Helianthus annuus*	菊科向日葵属
	黄花菜	*Hemerocallis citrina*	百合科萱草属
	龙芽草	*Agrimonia pilosa*	蔷薇科龙芽草属
	马缨丹	*Lantana camara*	马鞭草科马缨丹属
	美人蕉	*Canna indica*	美人蕉科美人蕉属
	串叶松香草	*Silphium perfoliatum*	菊科松香草属
	栾 树	*Koelreuteria paniculata*	无患子科栾树属
	水金凤	*Impatiens noli-tangere*	凤仙花科凤仙花属
	银杏(秋叶)	*Ginkgo biloba*	银杏科银杏属
	毛 茛	*Ranunculus japonicus*	毛茛科毛茛属
	千里光	*Senecio scandens*	菊科千里光属

(续)

色系	植物名称	拉丁学名	科属
橙黄	野迎春	*Jasminum mesnyi*	木樨科素馨属
	月见草	*Oenothera biennis*	柳叶菜科月见草属
红粉	木瓜海棠	*Chaenomeles cathayensis*	蔷薇科木瓜属
	垂丝海棠	*Malus halliana*	蔷薇科苹果属
	榆叶梅	*Amygdalus triloba*	蔷薇科桃属
	桃(粉)	*Amygdalus persica*	蔷薇科桃属
	木瓜	*Chaenomeles sinensis*	蔷薇科木瓜属
	松果菊	*Echinacea purpurea*	菊科松果菊属
	波斯菊(粉)	*Cosmos bipinnata*	菊科秋英属
	紫薇	*Lagerstroemia indica*	千屈菜科紫薇属
	百日草	*Zinnia elegans*	菊科百日菊属
	波斯菊(紫)	*Cosmos bipinnata*	菊科秋英属
	醉蝶花	*Cleome spinosa*	山柑科白花菜属
	鸡爪槭(秋叶)	*Acer palmatum*	槭树科槭属
	美国红枫(秋叶)	*Acer rubrum*	槭树科槭属
	糖槭(秋叶)	*Acer saccharum*	槭树科槭属
蓝紫	阿拉伯婆婆纳	*Veronica persica*	玄参科婆婆纳属
	葡萄风信子	*Muscari botryoides*	百合科蓝壶花属
	矢车菊(紫)	*Centaurea cyanus*	菊科矢车菊属
	玉簪	*Hosta plantaginea*	百合科玉簪属
	圆锥山蚂蝗	*Desmodium elegans*	豆科山蚂蝗属
	八仙花	*Viburnum macrocephalum*	忍冬科荚蒾属
	紫花地丁	*Viola philippica*	堇菜科堇菜属
	紫菀	*Aster tataricus*	菊科紫菀属
绿色	陕西卫矛	*Euonymus schensianus*	卫矛科卫矛属
	垂柳(花序)	*Salix babylonica*	杨柳科柳属
	蛇莓(叶)	*Duchesnea indica*	蔷薇科蛇莓属
	侧柏	*Platycladus orientalis*	柏科侧柏属
	荆条	*Vitex negundo*	马鞭草科牡荆属
	麻叶绣线菊(叶)	*Spiraea cantoniensis*	蔷薇科绣线菊属
	水杉	*Metasequoia glyptostroboides*	杉科水杉属
	柽柳	*Tamarix chinensis*	柽柳科柽柳属
	过路黄	*Lysimachia christiniae*	报春花科珍珠菜属

室温下较稳定。总的来说，大部分白色系植物干燥压制后保色效果较好，如木绣球、雏菊、杏花、夏至草、白车轴草、珍珠梅、梨花、鸡麻、月季、滨菊、白花草木樨、溲疏、风箱果、银叶菊（叶片）等。

一些白色花材因其自身质地、含水量以及花瓣结构的特殊性，在快速失水过程中花瓣内部的水分被挤压得分布不均，因此会有一定程度的透明度变化，一般厚度越薄的花材在压制后越容易发生局部透明，但花材整体颜色仍保持着白色，在压花艺术创作过程中也可以直接作为白色素材使用，如梅花、太平花、文冠果、玉簪、肥皂草、木槿、蜀葵等。

（2）黄橙色系植物

黄橙色系植物的保色性极好，因为黄橙色系植物所含色素多是黄酮类色素和胡萝卜素，其中，胡萝卜素耐 pH 变化、较耐热，在锌、钙、锡、铝、铁等金属存在时也不易被损坏，只有强氧化剂或光敏氧化反应才能使它破坏、褪色，胡萝卜素类与细胞中蛋白质呈结合状态时可以变得相当稳定。如水仙、迎春花、棣棠花、连翘、毛茛、黄刺玫、美人蕉、龙芽草、串叶松香草、黄牡丹、向日葵、云实、月季、树锦鸡儿等，包括黄色的银杏叶片，干燥前后的颜色几乎没有差别。由于部分花材的质地较为特殊，与一些白色植物一样，也会发生一定的透明现象，如月见草、萱草、金鸡菊、蜀葵、大花马齿苋，但这些花材基本保持原本的颜色，可以用于压花创作，甚至可以呈现出独一无二的效果，例如，用干燥后半透明的蜀葵花瓣制作人物裙摆，会更加生动飘逸。

（3）红粉色系植物

红粉色系花材所含色素主要是花青素，自然界已知的花青素有 22 类，如荷花、非洲紫罗兰、木芙蓉、山茶、芍药、猬实、红花刺槐、贴梗海棠、牵牛花等含有花青素中的天竺葵色素、矢车菊色素、芍药色素等。部分颜色偏蓝紫色的植物，还含有飞燕草色素，如丁香、紫花地丁、堇菜等。红粉色至蓝紫色的花材，呈现颜色的不同来自于色素化学结构上的微小差异，一般花色素 B 环上的羟基数越多，花朵的蓝色调越深。如 B 环上只有一个羟基的天竺葵色素呈现红色，带有两个羟基的矢车菊素呈现紫红色，有三个羟基的飞燕草色素呈现蓝紫色。当 B 环上的羟基变成甲氧基，随着甲氧基的增加，又转变成呈现红色的色素。如飞燕草 B 环上一个羟基变成甲氧基后，变成牵牛花色素，花色将从蓝色变成紫色，当两个羟基变成甲氧基，色素变为锦葵色素，花色呈现为淡紫色，三个羟基变为甲氧基后，色素则为报春花色素，颜色为红色（图 4-1）。然而植物中的这些色素并不是独一的，植物内部一般含有多种色素，它们协同作用。花青素含量影响着花色，这种现象称为色素的数量效应。一般当红色色素含量较低时，花色呈粉色；随着色素含量的增加，花色呈现红色，甚至向深紫红色、棕红色转变。部分红粉色系植物所含花青素会在光照下快速分解，抗氧化能力也较差（如山茶），因此会发生一定程度的褪色或褐化。而且花青素受细胞内 pH 和胶体状态影响很大，在干燥过程中发生的微小差异也会直接影响干燥后花瓣的色调，进而发生颜色迁移。

红粉色系植物中的垂丝海棠、榆叶梅、木瓜、百日草、芍药、月季、松果菊、菊花桃、郁李、紫茉莉等植物在干燥后保色效果较好；木瓜海棠、月季、桃花、紫薇、大花

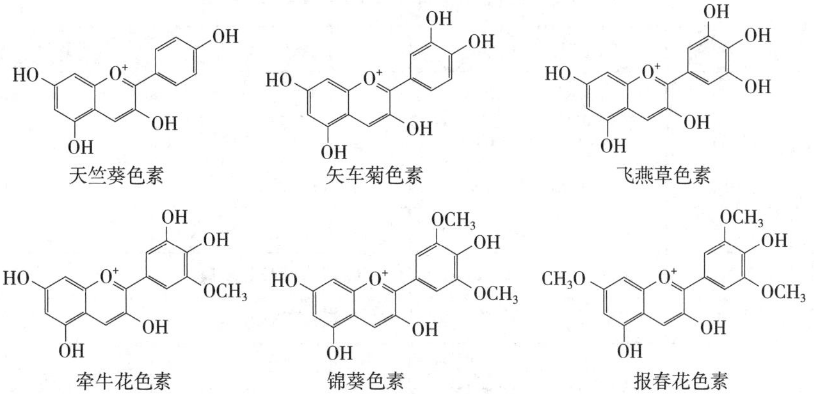

天竺葵色素　　　　矢车菊色素　　　　飞燕草色素

牵牛花色素　　　　锦葵色素　　　　报春花色素

图 4-1　六种花色素化学结构图

马齿苋等植物干燥后会发生一定的透明现象，但不影响它们在压花艺术中的使用。另外，一些秋色叶在压制后也表现良好，如鸡爪槭、美国红枫、糖槭等植物的秋色叶。

(4) 蓝紫色系

蓝紫色系花材在生活中较为少见，纯蓝色的花材更是凤毛麟角，一般蓝色花的核心色素是花青素中的飞燕草色素，较不稳定。但一些蓝色植物在压制干燥后也能保持较好的原色，如矢车菊、八仙花、紫花地丁、鼠尾草、睡莲、通泉草、紫玉簪、阿拉伯婆婆纳等。类似德国鸢尾这样花瓣含水量较高的植物，花瓣海绵层极少，干燥后虽然在颜色上没有较大变化，但只剩薄薄的表皮，呈现一种透明的状态，这使该类花材在压花画的制作中可以成为特殊的材料，如用来制作少女飘逸的纱裙摆。

(5) 绿色系

绿色植物主要色素为叶绿素，其光稳定性和热稳定性较强，不易被分解，并且在中性或弱酸弱碱条件下，叶绿素都较为稳定，因此大部分绿色植物在干燥前后保色性良好。如陕西卫矛、元宝枫、八仙花、垂柳、雪球荚蒾、旌节花等植物的绿色花或花序，这些植物充实了较为稀缺的绿色压花花材库；绿色的榔榆、元宝枫等植物的果实，以及蛇莓、麻叶绣线菊、侧柏等的绿色叶片，都是保色性极好的压花材料。但是需要注意的一点是，大部分叶片在干燥后韧性较差，在压花创作过程中要小心谨慎，以免叶片碎裂。

4.1.2　颜色迁移

颜色迁移是指植物材料在干燥压制之后颜色由一种色系转变成了另一种色系，具体植物种类见表 4-2 所列。

白色系植物材料发生颜色迁移主要是黄化，也就是由白色迁移至黄色或淡黄色，这种变化本质上是低程度的褐化，但是这些植物材料在压花艺术创作中可以直接作为黄色植物材料使用。如女贞、苹果花瓣在干燥后局部发生黄化，在视觉上呈现黄白渐变的颜色观感；石竹、郁香忍冬、大花六道木、紫丁香(白)、金银忍冬、荞麦、野胡萝卜、波斯菊、芙蓉葵(白)干燥后大量或整体黄化。

表 4-2　干燥后发生颜色迁移的植物种类

色系	植物名称	拉丁学名	科　属	迁移后颜色
白色	女贞	*Ligustrum lucidum*	木樨科女贞属	白黄
	石竹	*Dianthus chinensis*	石竹科石竹属	白黄
	波斯菊	*Cosmos bipinnata*	菊科秋英属	白黄
	白丁香	*Syringa oblata* var. *alba*	木樨科丁香属	白黄
橙黄	尖叶茶藨	*Ribes maximowiczianum*	虎耳草科茶藨子属	橙黄
	红花锦鸡儿	*Caragana rosea*	豆科锦鸡儿属	深紫
	月季(橙)	*Rosa chinensis*	蔷薇科蔷薇属	粉红
红粉	梅花	*Armeniaca mume*	蔷薇科杏属	浅紫
	西府海棠	*Malus micromalus*	蔷薇科苹果属	浅紫
	桃(紫)	*Amygdalus persica*	蔷薇科桃属	紫粉
	钟花樱	*Prunus campanulata*	蔷薇科李属	紫粉
	海棠(紫红)	*Malus spectabilis*	蔷薇科苹果属	紫红
	檵木	*Loropetalum chinense*	金缕梅科檵木属	紫红
	新疆忍冬	*Lonicera tatarica*	忍冬科忍冬属	紫红
	日本晚樱	*Cerasus serrulata*	蔷薇科樱属	浅紫
	地黄	*Rehmannia glutinosa*	玄参科地黄属	橙黄
	八仙花	*Hydrangea macrophylla*	虎耳草科八仙花属	浅紫
	木槿	*Hibiscus syriacus*	锦葵科木槿属	蓝紫
	千屈菜	*Lythrum salicaria*	千屈菜科千屈菜属	蓝紫
	小冠花	*Securigera varia*	豆科小冠花属	蓝紫
	月季	*Rosa chinensis*	蔷薇科蔷薇属	红紫
	蜀葵(粉)	*Althaea rosea*	锦葵科蜀葵属	紫红
	蜀葵(红)	*Althaea rosea*	锦葵科蜀葵属	深紫
	芙蓉葵(紫)	*Hibiscus moscheutos*	锦葵科木槿属	粉紫
	石蒜	*Lycoris radiata*	石蒜科石蒜属	浅紫
	胡枝子	*Lespedeza bicolor*	豆科胡枝子属	紫红
	锦葵	*Malva sinensis*	锦葵科锦葵属	浅紫
	碧冬茄	*Petunia hybrida*	茄科碧冬茄属	浅紫
	红花酢浆草	*Oxalis corymbosa*	酢浆草科酢浆草属	浅紫
	野凤仙花	*Impatiens textori*	凤仙花科凤仙花属	浅紫
	唐菖蒲(红)	*Gladiolus gandavensis*	鸢尾科唐菖蒲属	紫红
	美国红栌	*Cotinus coggygria*	漆树科黄栌属	紫褐
	石竹(紫红)	*Dianthus chinensis*	石竹科石竹属	蓝紫

(续)

色 系	植物名称	拉丁学名	科 属	迁移后颜色
红 粉	石竹(粉)	*Dianthus chinensis*	石竹科石竹属	浅紫
	报春花	*Primula malacoides*	报春花科报春花属	浅紫
	荷兰菊	*Symphyotrichum novi-belgii*	菊科联毛紫菀属	蓝
	芫花	*Daphne genkwa*	瑞香科瑞香属	浅紫
	荷花	*Nelumbo nucifera*	莲科莲属	紫黑
	细叶美女樱	*Glandularia tenera*	马鞭草科马鞭草属	紫
蓝 紫	牵牛花	*Pharbitis nil*	旋花科牵牛花属	紫红
	还亮草	*Delphinium anthriscifolium*	毛茛科翠雀属	浅紫
	沙参	*Adenophora stricta*	桔梗科沙参属	深紫
绿 色	泽漆	*Euphorbia helioscopia*	大戟科大戟属	黄绿
	唐松草	*Thalictrum aquilegiifolium*	毛茛科唐松草属	浅绿
	胡颓子(叶)	*Elaeagnus pungens*	胡颓子科胡颓子属	黄绿

黄橙色系植物干燥后发生颜色迁移者较少，如部分橙色的月季干燥后整体颜色由橙色变成橙粉色，还有鸡爪槭的花，其花朵较小，采用单朵侧压的压制方式，因为花瓣重叠，干燥后视觉颜色由黄绿色迁移至绿色。

红粉色系植物压制后颜色迁移发生率较高，大部分是由红粉色迁移至蓝紫色。如胡枝子、红花檵木、小冠花、红车轴草、醉鱼草、凤仙花、锦带花、木槿、锦葵等植物干燥后大面积的花瓣会颜色迁移；梅花、海棠花、八仙花、报春花、芫花、石竹、蔷薇、千屈菜、唐菖蒲、部分牡丹品种、刺槐、楝树、睡莲、细叶美女樱、锦葵、荷兰菊、月季、波斯菊、碧冬茄、红花酢浆草、野凤仙花、蜀葵、山茶等多种植物干燥后整体花瓣的颜色都将迁移变为不同程度的蓝紫色。这些红粉色系植物颜色迁移的原因主要是干燥过程中植物细胞液泡中的 pH 发生了变化，花青素在不同 pH 条件下颜色会发生变化。通常在酸性环境时花青素呈红色，中性时呈淡紫色，碱性时呈蓝色，也就是 pH 越高，颜色越偏蓝色。即使是 pH 的微小差异也会直接影响植物色调，如红色花瓣的细胞液比蓝色花瓣细胞液的 pH 小，而红色花瓣衰老时常伴有液泡 pH 升高进而颜色偏蓝的现象。另外，干燥过程中植物细胞胶体状态的变化也会使干燥后的植物外观颜色由红转蓝，如水分含量降低往往使胶体状态增强，从而使花青素在细胞内由游离状态转变为胶体状态，进而影响花瓣颜色。在压花创作实践中，这一类植物材料在干燥后可以直接作为蓝色花材应用。

发生颜色迁移的红粉色植物材料中，部分由于其特殊质地，干燥后会伴有局部透明，如锦葵、蜀葵、红花酢浆草、凤仙花等，这些植物海绵组织少，质地很薄，因此在干燥时需要特别关注它们的质地变化，并在保存和艺术创作时采取相应措施以保持花瓣的完好并发挥它们特有的质感美。

蓝色系植物，如还亮草、大花野豌豆、沙参等，可能由于它们细胞内 pH 升高，干燥后由蓝紫色向纯蓝色迁移。纯蓝色牵牛花的颜色迁移较为特别，牵牛花核心色素以芍药花色素为基础，其在 pH 的影响下呈现独特的堆叠形式，表现不同的色彩，牵牛花核心色素在偏酸性的环境中较不稳定，空间折叠方式受影响，颜色向红色迁移，因此，部分纯蓝色牵牛花在干燥后可能会向紫红色迁移。

绿色系材料主要是植物的叶片，如唐松草、水杉、泽漆和胡颓子的叶片，使用叶片正压的压制方式，在干燥后颜色会发生不同程度的整体迁移，主要是由绿色向黄绿色迁移，主要原因可能是 pH 环境改变，而叶绿素在偏酸性的条件下容易生成黄褐色的脱镁叶绿素，导致颜色偏黄。虽然不再是青葱的绿色，但是这种黄绿的叶片颜色在压花艺术创作中大有作为，如在压花画中可以作为树林的背景，突出绿色主景树，也可以模拟秋初叶色初黄的自然景观。

4.1.3 褐化

褐化是指植物材料在压制干燥后大部分或全部颜色转变为褐色的现象，具体植物种类见表 4-3 所列。通常白色系、红粉色系的花材易发生褐化。褐化不仅会发生在干燥过程中，在干燥后的植物材料保存过程中，由于氧气、水分、温度、光照等的影响也存在褐化现象，如梨花压制之后颜色不会变化，但是放在常温密封环境下保存，两周以内就开始褐化，还有许多植物也会在一年内发生不同程度的褐化。

根据褐化反应底物和反应条件的不同，可将褐化分为酶促褐化和非酶褐化两种。

酶促褐化是指在酶的作用下产生的褐化。植物材料中的酚类物质在氧化酶和过氧化物酶的作用下极易氧化生成黑色物质，使植物材料呈现褐色。如植物材料中常见的酶促褐化的底物——单宁类中的儿茶酚能被多酚氧化酶和过氧化物酶氧化产生有色物质。

非酶褐化是指不由酶引起的褐化，这一类褐化反应主要与植物内部的氨基酸、糖、蛋白质的各种化合反应有关。非酶褐化多伴随着酶促褐化一起发生，如在梨花和白玉兰的干燥过程中，非酶褐化加快了褐化的速度并增加了褐化的强度。非酶褐化的强度与温度呈正相关，与植物材料的含水量也呈正相关，因此，对于这一类植物材料的压制，可以提供较低温的环境，最大限度地干燥植物，在后续的保存中也应当提供低温干燥的环境。

白色花材干燥后褐化的现象较多。例如，风箱果、樱桃、月季、红瑞木、白花石榴、夹竹桃、雏菊、皱皮木瓜在干燥后会有一定程度褐化；火棘、百日草、石楠、玉兰、臭鸡矢藤、流苏树、接骨木、山楂、木香薷、荷花玉兰等花材干燥后会有大面积褐化甚至花瓣整体褐化。

黄橙色系容易发生褐化的植物较少，如剪秋罗、马利筋、桂花、水仙、红花锦鸡儿、金丝梅等，这些植物褐化程度相对较轻，值得一提的是，鹅掌楸的黄色秋叶在干燥之后整体褐化，变为红褐色，这是因为鹅掌楸是革质叶片，干燥过程中叶片中的水分蒸发速度较慢，为细胞中的各种褐变反应提供了条件。

表 4-3　干燥后发生褐化的植物材料

色系	植物名称	拉丁学名	科属
白色	接骨木	*Sambucus williamsii*	忍冬科接骨木属
	百日草	*Zinnia elegans*	菊科百日菊属
	臭鸡矢藤	*Paederia foetida*	茜草科鸡矢藤属
	玉兰	*Yulania denudata*	木兰科玉兰属
	郁香忍冬	*Lonicera fragrantissima*	忍冬科忍冬属
橙黄	鸡爪槭(花)	*Acer palmatum*	槭树科槭属
	黄芦木	*Berberis amurensis*	小檗科小檗属
	小檗	*Berberis thunbergii*	小檗科小檗属
	凌霄	*Campsis grandiflora*	紫葳科凌霄属
	天人菊	*Gaillardia pulchella*	菊科天人菊属
	唐菖蒲	*Gladiolus gandavensis*	鸢尾科唐菖蒲属
橙黄	剪秋罗	*Lychnis fulgens*	石竹科剪秋罗属
	马利筋	*Asclepias curassavica*	萝藦科马利筋属
	万寿菊	*Tagetes erecta*	菊科寿菊属
	桂花	*Osmanthus fragrans*	木樨科木樨属
	鹅掌楸(秋叶)	*Liriodendron chinense*	木兰科鹅掌楸属
红粉	星花玉兰	*Yulania stellata*	木兰科玉兰属
	紫堇	*Corydalis edulis*	罂粟科紫堇属
	宝华玉兰	*Magnolia zenii*	木兰科木兰属
	紫玉兰	*Magnolia liliflora*	木兰科木兰属
	凌霄	*Campsis grandiflora*	紫葳科凌霄属
	打碗花	*Calystegia hederacea*	旋花科打碗花属
	美人蕉	*Canna indica*	美人蕉科美人蕉属
	锦带花	*Weigela florida*	忍冬科锦带花属
	四季秋海棠	*Begonia cucullata*	秋海棠科秋海棠属
蓝紫	黄芩	*Scutellaria baicalensis*	唇形科黄芩属
	胡豆	*Vicia faba*	豆科野豌豆属
	大叶醉鱼草	*Buddleja davidii*	玄参科醉鱼草属
	醉鱼草	*Buddleja lindleyana*	玄参科醉鱼草属
	枸杞	*Lycium barbarum*	茄科枸杞属
绿色	十大功劳(叶)	*Mahonia fortunei*	小檗科十大功劳属

红粉色植物，如紫堇、楸树、紫荆、天竺葵、牡丹、打碗花、假龙头花、凌霄干燥后有局部褐化现象；美人蕉、枸杞花、紫玉兰、唐菖蒲、蓟等植物干燥后褐化程度较高；还有部分植物褐化中常常伴随着颜色迁移，如宝华玉兰、四季秋海棠。

蓝色系植物，如大叶醉鱼草、大花野豌豆、蚕豆干燥后有一定程度褐化，其中，大花野豌豆和黄芩不仅局部褐化，还伴随一定程度颜色迁移。

绿色植物的色素较稳定，但也有一些特殊的植物干燥后会褐化，如十大功劳的叶片和北美鹅掌楸的绿色花瓣在干燥后有一定褐化现象。

总的来说，白色系和红粉色系植物干燥后褐化的可能性更高，黄色系、蓝色系和绿色系植物干燥后褐化的较少。从创作压花画的角度来看，褐化并不是一个贬义词，实际上，褐色系的植物材料是压花画中不可或缺的一支"画笔"，它们可以成为内敛深邃的背景，来衬托主体，也可以出现在主体暗部，以增加立体感，甚至可以成为秋色压花画等特定主题的主材料。除了干燥压制之后褐变的植物，还有一些自然褐化的植物也可以充实褐色压花植物库，如干枯的梧桐叶、栎树叶、榆树叶、八仙花的宿存花萼片等，这些植物只需要将其用重物压1~2d致其平整就可使用，它们的颜色基本不会发生变化，只需粗放保存即可。

4.1.4 颜色加深

植物在压制干燥后，由于水分丧失，颜色变暗变深，视觉上颜色变为它原本色系的深色系，这样的现象叫作颜色加深，具体植物种类见表4-4所列。这类植物所含色素性质和状态较稳定，不易受外界环境的影响，如胡萝卜素类，与金属离子络合的花青素类等，只是在失水的情况下，细胞质相应缩小，单位面积上的色素含量相应增加，视觉上表现为颜色加深。

表4-4　干燥后颜色加深的植物种类

色　系	植物名称	拉丁学名	科　属
橙　黄	日本木瓜	Chaenomeles japonica	蔷薇科木瓜属
	油菜花	Brassica campestris	十字花科芸薹属
	刺檗	Berberis vulgaris	小檗科小檗属
	黄鹌菜	Youngia japonica	菊科黄鹌菜属
红　粉	石竹(红)	Dianthus chinensis	紫草科附地菜属
蓝　紫	附地菜	Trigonotis peduncularis	紫草科附地菜属
	矢车菊(蓝)	Centaurea cyanus	菊科矢车菊属
	麦冬(紫)	Ophiopogon japonicus	百合科沿阶草属
	沙参	Adenophora stricta	桔梗科沙参属
绿色	旌节花	Stachyurus chinensis	旌节花科旌节花属

压花过程中的颜色加深有两种原因：一是干燥后植物组织快速被压缩以及水分丧失，导致色素快速集聚，从而呈现出颜色加深的视觉效果。二是表皮细胞的形状对花色产生了影响，人们看到花瓣的颜色并不是直接看到的色素本身颜色，是当光线照射植物表皮细胞时，入射光线发生折射和反射，再被人的视觉所感知，因此在花瓣被快速挤压的过程中，细胞形状或多或少会发生一定变化，这种变化可能有利于增加细胞对入射光的吸收，且产生了自身阴影，从而产生颜色变暗的效果。

颜色加深的植物种类相对较少，主要有橙黄色系植物如百日草、天人菊、万寿菊、黄鹌菜、日本木瓜、油菜花、尖叶茶藨子、黄芦木、小檗等；红粉色系植物如新疆忍冬、石竹、猬实、皱皮木瓜、芙蓉葵等；蓝色系植物如附地菜、三色堇、麦冬、葡萄风信子等。

4.1.5 颜色变浅（褪色）

有颜色的植物材料在压制后颜色变浅以及白色花材在压制后变为透明无色的现象叫作褪色，具体植物种类见表4-5所列。植物材料褪色的原因有很多。这类植物材料花瓣中大多含有黄酮类和花青素类色素。在压制干燥过程中和干燥后，花瓣中的色素逐渐被分解而使原有的颜色变淡。造成色素分解的原因首先是色素本身的稳定性差，其次是细胞结构在干燥过程中发生变化，细胞膜结构被破坏，大量的氧化酶类在无任何阻挡的情况下被释放出来将花色素彻底分解。

干燥后褪色的白色植物有豌豆、紫叶李、风信子、德国鸢尾等。白色植物的这种变化主要是从白色到无色的转变，基本上伴有质地变透明的现象，这类植物材料质地都较薄，如紫叶李、豌豆花、李花的花瓣。风信子和德国鸢尾虽然在干燥前并不薄，然而它们的花瓣表皮极薄，含水量极高，在干燥后水分蒸发，细胞膜结构被破坏，色素逐渐被细胞释放出来的氧化酶分解，因此质地变得极薄，并且大量褪色。这些植物在压花艺术创作中，可以通过多片重叠等方法创造出别致的艺术效果。

橙黄色系植物的褪色主要是颜色减淡成淡橙色或淡黄色。如旋覆花、金钟花、橐吾、千里光、虞美人、火炬花、酢浆草、赤瓟等植物干燥后都会有或多或少的褪色。部分橙黄色系植物干燥后的褪色也会伴有质地透明，如酢浆草和赤瓟。

红粉色系植物如红色的木瓜海棠、美国红栌的叶片、紫丁香、榆叶梅、醉蝶花、芙蓉葵、仙人指在干燥后会局部褪色；钟花樱、红色锦带花、紫色杜鹃、木蓝、凤仙花等在干燥后褪色情况较为严重。有的植物不仅褪色，还有一定的颜色迁移现象产生，如紫丁香和芙蓉葵。另外，星花玉兰等植物在干燥后出现褪色和褐化双重现象。

蓝紫色植物中干燥后褪色的也较多，如翠雀、桔梗、紫藤、鸢尾、紫穗槐、马蔺、紫露草、二月蓝整体褪色，其中，紫藤干燥后不仅大量褪色，还伴随局部褐化现象。鸢尾、紫露草、马蔺等植物花瓣干燥后极薄，且呈现出局部透明甚至整体透明。

绿色植物干燥后褪色的较少，如狗尾草干燥后整体颜色由绿色转变为淡绿色。狗尾草拥有奇特的花序形状，是压花艺术创作中不可多得的植物材料。

表 4-5 干燥后褪色的植物种类

色系	植物名称	拉丁学名	科 属
白色	玉簪	*Hosta plantaginea*	百合科玉簪属
	豌豆	*Pisum sativum*	豆科豌豆属
	白花鸢尾	*Iris tectorum*	鸢尾科鸢尾属
橙黄	水仙	*Narcissus tazetta*	石蒜科水仙属
	阔叶十大功劳	*Mahonia bealei*	小檗科十大功劳属
	苦荬菜	*Ixeris polycephala*	菊科苦荬菜属
	地黄	*Rehmannia glutinosa*	玄参科地黄属
	火炬花	*Kniphofia uvaria*	百合科火炬花
	月季(黄)	*Rosa chinensis*	蔷薇科蔷薇属
	旋覆花	*Inula japonica*	菊科旋覆花属
	赤瓟	*Thladiantha dubia*	葫芦科赤瓟属
	十大功劳	*Mahonia fortunei*	小檗科十大功劳属
	橐吾	*Ligularia hodgsonii*	菊科橐吾属
	虞美人	*Papaver rhoeas*	罂粟科罂粟属
红粉	皱皮木瓜	*Chaenomeles speciosa*	蔷薇科木瓜属
	郁李	*Cerasus japonica*	蔷薇科樱属
	紫荆	*Cercis chinensis*	豆科紫荆属
	芙蓉葵(粉)	*Hibiscus moscheutos*	锦葵科木槿属
	木蓝	*Indigofera tinctoria*	豆科木蓝属
	木瓜海棠(红)	*Chaenomeles cathayensis*	蔷薇科木瓜属
	天竺葵(粉)	*Pelargonium hortorum*	牻牛儿苗科天竺葵属
	百日菊(红)	*Zinnia elegans*	菊科百日菊属
	仙人指	*Schlumbergera bridgesii*	仙人掌科仙人指属
	杜鹃(紫)	*Rhododendron simsii*	杜鹃花科杜鹃属
蓝紫	假龙头花	*Physostegia virginiana*	唇形科假龙头花属
	二月蓝	*Orychophragmus violaceus*	十字花科诸葛菜属
	紫丁香	*Syringa oblata*	木樨科丁香属
	白花马蔺(蓝)	*Iris lactea*	鸢尾科鸢尾属
	德国鸢尾	*Iris germanica*	鸢尾科鸢尾属
	桔梗	*Platycodon grandiflorus*	桔梗科桔梗属
绿色	狗尾草	*Setaria viridis*	禾本科狗尾草属
	榔榆(果)	*Ulmus parvifolia*	榆科榆属

植物色泽受其内部色素种类、pH、含水量、植物厚度等多种因素影响，在压制干燥后，部分植物会发生颜色迁移、褐变、褪色等颜色上的变化，因此原则上应尽量选择干燥后可以保持色泽鲜亮或者在现有技术条件下经过护色处理后可以保持原色的植物。但有时也可以反其道而行之，如果需要植物本身的颜色作为素材，就选择保色性较好的植物；但如果需要蓝色系的压花，不仅可以采集保色性较好的蓝色系花材，还可以采集在压制后会发生颜色迁移现象的红粉色系花材；在制作压花画的过程中，有时还需要褐色系、深紫褐色系的植物材料，可以选用压制后会发生褐化的植物材料来代替。这些压花植物材料的选择需要建立在熟悉花材干燥前后颜色变化规律的基础上，因此，压花之前要根据不同的需要来选择合适的植物，并对植物干燥前后的颜色变化有深入了解，才能制作出高质量的干花作品。

4.2 干花保色方法

为了提升干花质量，减少色变，人们最开始在干燥介质上下功夫，如利用硅胶和专用压花板代替传统的吸水纸，通过提高吸水介质的吸水率来提高干燥效率，减少色变。但是使用这些方法制作干花仍然是以天为单位计算干燥时间的。后来随着国内外干花技术的发展，通过控制温度、湿度等外界条件的先进干燥技术在干花制备中得到应用，使得植物干燥速率和花材质量得到了巨大的提升。

干花基本的保色方法有物理保色法、化学保色法和艺术保色法三种。

4.2.1 物理保色法

通过控制花材所处环境的温度、湿度、光照强度和使用的干燥剂种类，花材中的水分能够在采用不同干燥方法时，迅速从材料内部向外释放和扩散，同时花材色泽能与处理前的颜色基本保持一致。第3章中所述的加温干燥（微波炉、烘箱、电熨斗）、真空冷冻干燥、包埋干燥等强制干燥法基本都属于物理保色方法。

在干燥实践中，应灵活选用不同的物理保色方法，以获得较好的保色效果，如压花器干燥保色法与自然重物干燥保色法相比，不但可以提高干燥的速率，也可以更好地保色，提高干花的品质（见彩图10~彩图12），如山茶、楸树花、紫藤、鸢尾、玉兰等，因此，在条件允许的情况下，建议使用压花器干燥保色法获得质量较好的干花原材料。

一般来说，强制干燥保色法由于加快了干燥速度，干燥效果要比自然干燥保色法好，在压花实践中，为了获得保色性较好的平面花材，建议选用强制干燥保色法。

如红粉色系的山茶花瓣通过微波炉50%火力干燥150s，不仅干燥快速，质地优良，而且能完全保色，与使用重物自然干燥法压制的山茶花瓣相比，其效率和保色性能都遥遥领先（见彩图13）；还有白色的玉兰使用50%微波火力干燥140s后，颜色基本接近白色，微波干燥利用微波的振荡频率对玉兰花瓣内的水分子作用，使其快速碰撞摩擦，产生大量热量而被蒸发掉，一方面快速的失水减少了玉兰非酶褐变的发生，另一方面玉兰花瓣相对较厚较大，微波能使花瓣上的细菌微生物的蛋白质结构发生变化，进而使菌体失去生物活性，与重物自然压制法相比，大大地提升了保色性和干燥效率（见彩图14）。

此外，即使采用同一种强制干燥保色法进行物理保色，由于花材种类不同，保色效果也不同。如以干燥沙为定形介质，微波干燥后的黄色月季颜色保持得较好，微波干燥后的红色月季颜色由红色变成了深红色，颜色加深（见彩图15）。微波干燥后的粉色八仙花颜色从粉色变成了淡紫色，蓝色八仙花颜色保持得较好（见彩图16）。

4.2.2 化学保色法

为了进一步保证植物材料的原色，人们研究出了化学保色法，即利用化学药剂与植物材料的色素发生化学反应，从而保持或改变原有色素的化学结构和性质的方法。

利用化学保色可以增加色素的稳定性，调节植物材料的内部环境，如调节植物细胞内的pH，防止色素降解，抑制微生物活动等。化学保色法以物理干燥法为依托，具有易操作、成本低、效果好等优点。通常情况下，利用药剂处理的方法可以使许多易出现褐变、褪色现象的植物材料保持原有的色彩。

化学保色需要先用化学溶液对花材进行浸泡，然后再进行干燥。通过单一化学药剂或者复合化学药剂与花材叶肉细胞内的色素发生不可逆转的化学反应，形成化学性质稳定的络合物或改变花材叶肉内部细胞液的酸碱度来较大程度保持花材原始的色泽。如红色的木槿、蜀葵和月季花瓣在自然重物干燥下会出现颜色迁移或颜色加深的现象，但使用化学保色液浸泡或涂抹后则可以获得比较理想的保色效果（见彩图17~彩图19）。

4.2.2.1 化学保色剂的种类

通常用于化学保色的药品有柠檬酸、酒石酸、硫酸铝、氯化镁和蔗糖等。这些化学保色剂一般有两种功能，一是能调节植物细胞液酸碱度，从而使花青素这类对pH敏感的色素能保持原态，如柠檬酸、酒石酸、冰醋酸等；二是能提供与花色素结合形成稳定螯合物的金属离子，进而达到保色目的，如硫酸铝、氯化镁、氯化锌、明矾等。有的化学保色液还会添加蔗糖，这是为了提供胶体状态，减慢水分子运动，降低色素分子分解速度，增加色素的稳定性。利用化学保色方法处理植物材料时常遇到腐烂变质问题，因此保色液中还常加入福尔马林等防腐剂。对于不同植物来说，每一种植物的结构和所含色素都非常复杂，因此，不同的植物，甚至同种植物的不同颜色都有不同的最佳保色液配方。

4.2.2.2 化学保色的研究现状

不同花卉的化学保色技术一直是国内外专家学者和压花爱好者的探索重点，而红粉色系的花卉在干燥过程中更容易发生色系的改变，从红粉色转变为蓝紫色，这种明显的变化为干花尤其是压花艺术的创作带来了不确定性，因此对红粉色系花卉的保色研究更为普遍。表4-6列出了部分红粉色系花材的最佳保色液配方。

表 4-6 部分红粉色系花材的最佳保色液配方

植物名称	保色方法	文献作者
粉色月季	10% 硫酸镁+柠檬酸 1∶1 混合液	刘峰等
	10%酒石酸	李保国等
	5%氯化镁+10%柠檬酸混合液	黄子锋等
	15%柠檬酸+7.5%氯化镁浸泡 5h	白岳峰等
	15%柠檬酸+葡萄糖；15%柠檬酸+硫酸镁	张甜甜
粉色月季	10%酒石酸	李保国等
	10%柠檬酸结合硅胶包埋	汪鹃
红色香石竹	10%氯化锡浸泡 8h	王凤兰等
	1%柠檬酸(粉色)或 5%柠檬酸(红色)	汪鹃
	10%酒石酸处理 10h 或 15h	王玲等
	7.5%酒石酸浸泡处理 15h	王玲等
红色木棉花	10%柠檬酸+无水乙醇浸泡 10min	盛爱武等
红色山茶	15%柠檬酸溶液浸泡 15min	曹忆等
粉色八仙花	7%蔗糖+7%柠檬酸+硫酸铝	贾红菊

黄色系花材的色素普遍很稳定，干燥后不易发生色变，因此有关黄色花材的保色研究较少，部分学者对黄菖蒲和黄色非洲菊花瓣的保色进行了研究。关于紫红色系花材的研究较多，如前人对紫色牡丹、紫花玉簪、紫色天竺葵进行了保色技术的研究。其他花材的研究还有日本晚樱、石楠、叶子花、珍珠梅、芍药等。

部分学者还研究了一些叶材的保色技术，赵宁等的研究表明，大多数叶材在 15%醋酸、25%硫酸铜保色液中可获得良好的保色效果。一些学者对茶条槭、彩叶草、卫矛等色叶植物进行了保色技术研究。

以上研究表明，植物材料保色常用的化学试剂有柠檬酸、酒石酸、冰醋酸、硫酸铜或醋、硫酸铝、氯化镁、明矾、蔗糖、维生素等。自然界中的植物种类众多，呈现的颜色成因复杂，因而每种植物所采用的保色方法有所不同，并且部分植物材料在保色后有颜色不真实、易褪色、易破损等现象，目前的研究所针对的植物种类和颜色还较少，因此对多种花材的化学保色技术的深入研究仍是国内外研究人员亟待解决的一项课题。

4.2.2.3 化学保色液的处理方式

化学保色液的处理方式主要有浸泡、涂抹、内吸和干燥后涂抹四种方式。

①浸泡 具体的处理方法是将花瓣完全浸泡在保色液中，花瓣的浸泡时间与花瓣质地密切相关。质地较薄的花瓣，如蜀葵，花瓣细胞更容易因吸收水分过饱和而死亡，导致表皮组织破损，因此浸泡时间不能太长；质地较厚的花瓣，如红花玉兰，上下表皮之间的海绵组织较厚，因此保色液的扩散面积较广，扩散速度较低，需时更长。该方法可

以让保色液充分渗透到整个植物组织中,处理效果均匀。但是处理后干燥速度慢,给干制操作带来极大的不便,另外,需把多余药剂用吸水纸吸掉,否则保色效果不均匀。

②涂抹 用不伤害花瓣表皮的工具将保色液均匀涂在花瓣表背两面。

③内吸 这种方法需要保留花朵的茎,将其插在保色液中,保色液通过导管进入花瓣细胞,内吸适用于不易萎蔫的植物。该法处理后干制较为便利,干燥速度也较快,但会出现吸入不均匀的现象。

④干燥后涂抹(色彩还原) 先用微波干燥等方法将花瓣快速干燥,然后用毛笔将保色液(常见的如15%~20%的柠檬酸或酒石酸溶液)均匀涂抹在花朵的表背两面,还原花瓣原本色彩,然后擦去多余的水分,再进行干燥的方法,又称干花的色彩还原。一般在红色系和粉红色系干花中应用较多。不同种类的花处理时间不同,10min 至 1h 或更长时间才能恢复原色。

针对不同的表皮结构、含水量、表皮茸毛、花瓣厚度等植物特性,四种方式的效果都不相同,如有的红色月季花瓣表皮有大量茸毛,保色液进入植物内部细胞大受阻碍,涂抹保色液的效果就明显差于浸泡和内吸两种方式。

4.2.3 艺术保色法

艺术保色法是指利用染料给植物上色的一种方法。在染色之前必须要进行漂白(若花材已经为白色,则不需要漂白),一般通过染色液内吸的方式将花材染成各种颜色。多用于像珍珠梅、白美女樱一类小花的活体染色。有的花材吸色时间较长,但最多不要超过 2~3h,否则花朵会打蔫。

染料可使用食用色素或者市面上常见的染色液,彩色墨水也是一种很易上色的染色剂。将即将盛开的鲜花采回后,用剪刀对枝干进行45°斜剪,然后将枝干插进染色剂中吸收颜色,直到花材上色后根据需要的深浅程度将花材取出即可。取出后的花材应立即进行干燥处理以防止萎蔫。染色后的花材干燥后不会出现褪色褐化或者颜色迁移等色变现象,一般都能获得比较理想的保色效果。

见彩图 20 所示,用蓝色和黄色染料,通过内吸分别将白色的木绣球和麻叶绣线菊的颜色变成鲜艳的蓝色和黄色,然后在室温下倒挂干燥即可获得比较鲜艳的立体干燥花材。通过内吸染色的方法可以获得自然界比较稀缺的颜色。

小 结

本章主要介绍了植物材料在干燥过程中产生的各种色变现象、干花的物理保色技术、化学保色技术和艺术保色技术。通过本章的学习,学生可以了解到植物材料在干燥后会出现保持原色、褐化、颜色加深、颜色变浅和颜色迁移等色变现象,并了解如何有效利用这些色变现象进行作品的创作。同时了解如何选用不同的干燥方法做到物理保色,掌握常用的化学保色剂种类和保色液处理方式,还能根据所学知识设计某一种花材的保色液配方,从而获得保色性较好的干燥花材。

思 考 题

1. 植物材料干燥后会产生哪些色变现象?

2. 如何有效利用植物干燥后的色变现象进行干花装饰品的制作？
3. 不同物理保色方法对于同一植物的保色效果有什么区别？试举例说明。
4. 化学保色剂有哪些种类？化学保色液有哪些处理方式？
5. 化学保色的研究现状如何？

推荐阅读书目

1. 花色生理生物化学. 安田齐. 中国林业出版社, 1989.
2. 花色之谜. 安田齐. 中国林业出版社, 1989.
3. 干燥花采集制作原理与技术. 何秀芬. 中国农业大学出版社, 1993.
4. 干燥花制作工艺与应用(第2版). 洪波. 中国林业出版社, 2019.

5 干花漂染技术

自然界中的花材颜色众多，但对于某些花材而言会独缺某些颜色，有些花材具有美丽的姿态，但是颜色不尽如人意，为了创造出优美高雅的干花装饰品，漂染干花应运而生。漂染干花一方面可以克服部分花材干燥后的色变现象，获得保色性好的花材；另一方面可以给干花装饰品的创作提供更加丰富的原材料。

漂染干花的制作一般包括干花漂白、干花染色和干花软化三个方面。

5.1 干花漂白

花材经干燥处理，大多会出现颜色变褐、变淡或褪色现象，观赏性和商品价值大大降低，对于此类花材，可以经漂白制成漂白干花或者再经染色制成染色干花。

5.1.1 漂白目的和意义

在染色前先需要进行漂白，为了花材更好地着色，漂白是必不可少的步骤。通过漂白可以去除或破坏纤维素以外的其他有色杂质和影响染色效果的杂质，为干花染色制造出洁白度高的白色花材。

5.1.2 适合漂白的干花材料

由于漂染干花的制造过程对花材的组织结构和成分有一定的破坏作用，因此要求用来制作漂染干花的材料具有丰富的纤维，韧性较好，不易脱落或折断，漂白后能较好地保持自身的形态。

适合制作漂白干花的材料以花穗、果穗、果枝、茎、叶为主。大部分干花材料的花、花序纤维素含量相对较低，因此用来制作漂白干花的材料中花（花序）的种类相对较少，果穗、果枝是漂白干花的主要类型。如农作物中高粱、小麦、燕麦、芝麻、棉花的果穗与果枝等；枝也是漂白干花的常用花材，如地肤、藤条、柳条等；一些植物如苏铁、玉兰、蜡梅等的叶片也可以用来漂白。

漂白前需要对花材进行整理,以备漂白处理。整理内容主要包括去掉杂质、尘土及有病虫的枝叶,对植物材料进行修剪、分级、分类、捆扎等。

5.1.3 漂白剂及其助剂种类

花材漂白处理一般采用液体漂白法,常用的漂白剂有次氯酸钠($NaClO$)、漂白粉[$CaCl_2 \cdot Ca(ClO)_2 \cdot 2H_2O$]、漂粉精(高效漂白粉)[$Ca(ClO)_2$]、亚氯酸钠($NaClO_2$)、过氧化氢($H_2O_2$)和甲醇等。这些是漂白技术中的核心药剂。它们主要是利用强氧化性使花材氧化脱色。不同漂白剂的特性不同,需要根据花材的质地确定使用哪种漂白剂。

漂白时除了使用漂白剂外,还需要使用助剂(即辅助漂白剂进行漂白的药剂),如稳定剂、pH调节剂、渗透剂。稳定剂是过氧化氢漂白中的助剂,可起到钝化催化剂、防止过氧化氢过分分解的作用,常用的为硅酸钠(泡花碱);pH调节剂可以用碳酸钠(Na_2CO_3)、氢氧化钠($NaOH$)、硫酸(H_2SO_4)和盐酸(HCl);渗透剂又叫表面活性剂,主要是协助漂白剂渗透到植物组织中,通常家用、工业用高效中性或近中性的洗涤剂即可。

5.1.4 漂白设备与用具

由于漂白剂及其助剂很多都带有腐蚀性,有些漂白剂的分解还与重金属有关,如过氧化氢。所以通常用于漂白处理的设备与用具应采用耐腐蚀的不锈钢、搪瓷、玻璃钢或涂有防腐层的制品。

大规模制作漂白干花时采用的漂白设备包括漂白池(漂白槽),酸、碱洗池(槽),加热设备和称量设备。其中漂白池通常用带有防水层的水泥制品或不锈钢、耐热玻璃钢或涂有防腐层的铁制品制成,应具有耐热性。酸、碱洗池(槽)应用耐腐材料制成,也可用漂白池代替。对于加热设备,小型生产工厂可用耐腐电加热棒,大型工厂可用热水或蒸汽锅炉。天平或秤主要用于称量漂白药品。

大多数漂白药剂对人体有烧伤、腐蚀或毒性损害。因此进行大规模漂白操作时,操作工人应佩戴好防腐长筒手套、口罩和帽子,穿好防腐鞋、防腐套衣等防护用具;漂白操作之前准备好用于搬运花材的工具(如塑料周转箱、塑料盆或桶等)以及用于配制药液的试剂和工具(如量筒、烧杯、搅拌棒等)。由于漂白处理大都在密闭环境中进行,还应配备塑料膜用以覆盖容器。

5.1.5 漂白方法

常用的漂白方法主要有次氯酸盐漂白法、亚氯酸钠漂白法、过氧化氢漂白法、硫黄熏蒸漂白法和甲醇漂白法等。

①次氯酸盐漂白法 包括次氯酸钠漂白、漂白粉漂白、漂粉精漂白等。次氯酸钠漂白对叶绿素有漂白效果,且洁白度高,产品白度好。但在生产过程中有毒气产生,且漂白时对花材损伤严重,产品常出现脱落、折断现象。目前大都不采用此法。

漂白粉与漂粉精漂白对花材腐蚀性大,对纤维损伤大,而且在漂白过程中会产生碳酸钙沉淀附着于花材上，影响产品的质量。目前国内外均已不采用漂白粉与漂粉精进行干花的漂白处理。

②亚氯酸钠漂白法　是目前国外最广泛应用的干花漂白剂。该方法生产的产品白度好，手感好，对花材的损伤小。但在生产过程中有毒气产生，且药剂有一定危险性（有毒、易爆），与其他方法相比，在整个生产过程中需要加强管理。

③过氧化氢漂白法　该法基本不污染环境，不会排放有毒气体。花材损失介于亚氯酸钠和次氯酸盐漂白之间，产品白度和手感较好，对花材纤维破坏较小，且漂白效果持久，所以是目前常用的较好漂白方法。但对某些色素（如叶绿素）的脱色能力很差，且存在硅垢问题，在应用上有一定局限性。

④硫黄熏蒸漂白法　方法简单，我国一些编制工艺中常用硫黄漂白。但该方法漂白效果较差。该漂白反应为可逆反应，即在漂白后花材放置一段时间会逐渐返黄。而且适用于此法的花材种类有限，污染大，工作条件差，因此目前没有厂家采用此方法生产干花。

⑤甲醇漂白法　对部分花材有比较好的漂白效果，但药剂有毒、易燃，该方法也不常采用。

5.1.6　漂白步骤

下面以实验室八仙花立体花材的漂白为例简要介绍漂白操作的步骤。

(1) 准备工具

烧杯、量筒、pH 试纸、镊子、30%的乙醇、次氯酸钠（NaClO）、亚氯酸钠（$NaClO_2$）、过氧化氢（H_2O_2）、硅酸钠、保鲜膜。

(2) 处理花材

对干燥褪色后的八仙花进行修剪，摘除外观欠佳的花瓣。

(3) 配制漂白溶液

每种漂白剂在配制时都需要调合适的 pH 和浓度。以 30%的乙醇为溶剂，配制各类漂白剂的漂白液，中和液为 1%的 NaOH 或 HCl。

次氯酸钠（NaClO）的使用浓度为 5%~20%，pH 8.5~10；亚氯酸钠（$NaClO_2$）的使用浓度为 10%左右，调至弱酸性；过氧化氢（H_2O_2）的使用浓度为 5%，pH 9~10.5，可加 5%硅酸钠作钝化剂。

(4) 花材漂白

将植物材料水洗之后装入 1L 的烧杯中，缓慢倒入调配好的漂白液，以免液体溅出，漂白液要完全淹没花材。放置一段时间直到花材完全变白，变白的时间因漂白液的种类和浓度及植物材料的种类不同而有很大差异。由于漂白液对皮肤有腐蚀性，所以要佩戴好口罩、手套和护目镜，做好防护措施后再进行操作。

(5) 水洗、晒干

用镊子将漂白好的花材从溶液里取出，用流水冲洗后放在通风处晾干即可获得漂白的立体八仙花。若还需进行染色，则可在水洗后不经干燥直接放入染色液中。

5.1.7 不同漂白方法的漂白效果

干花素材的漂白质量与漂白剂种类、漂白液浓度、pH、温度、漂白时间、助剂和漂白花材种类关系密切。不同干花的最适漂白条件不同，需要在实践中摸索。表 5-1 列出了部分花材的漂白方法，可以看出，大部分花材采用次氯酸钠和过氧化氢漂白，漂白液的浓度和漂白时间及 pH 因花材不同而有一定程度的差异。

表 5-1　不同花材的漂白方法

植物名称	花瓣颜色	漂白方法
月季	红	在沸水浴条件下，体积比浓度在 1∶5 以上的 H_2O_2，漂白 1min 内
文殊兰	紫	在沸水浴条件下，H_2O_2 漂白大多在 1min 内
牵牛花	紫	在沸水浴条件下，H_2O_2 漂白大多在 1min 内
文殊兰	红	在沸水浴条件下，体积比浓度在 1∶5 以上的 H_2O_2，漂白 1min 内
八仙花	红	10%NaClO，pH 9，漂白 3h
月季	红	H_2O_2 为 10%~20%，pH 9，漂白 3h
麦秆菊	黄	体积比浓度 1∶2 的 $NaClO_2$，温度 50~55℃，pH 4~5，漂白 12h
金露梅	黄	NaClO 适合浓度 3%，温度 50℃，时间为 4h
海仙报春	深红	H_2O_2 在 10%~20%，处理时间 24~48h，溶液 pH 5~8
鸢尾	蓝紫	H_2O_2 在 20%~30%，处理时间 24~48h，溶液 pH 5~10
曼陀罗	黄	H_2O_2 在 20%~30%，处理时间 24~48h，溶液 pH 5~10
勿忘我	蓝	H_2O_2 在 30%内，处理时间 24~48h，溶液 pH 5~10

一般来说漂白液浓度越高，漂白速度越快，但超过一定浓度时对材料的损伤越大，漂液适宜浓度在 15%~20%。pH 影响漂白效果，当 pH 超过一定范围时，漂白液开始损伤材料，因此，在漂白前应根据植物材料确定适宜的 pH 再进行漂白处理。

漂白剂种类直接影响干花的漂白速度和漂白质量。以八仙花为例，从漂白速度方面来说，亚氯酸钠的漂白时间最短，只需要 3h 就能使八仙花漂白；过氧化氢加硅酸钠 13h 能够使花材漂白；过氧化氢和次氯酸钠需要 24h 能够使花材漂白。从漂白程度来说，无论是红色八仙花还是蓝色八仙花，在亚氯酸钠处理下漂白时间最短、漂白效果最好，其次是过氧化氢加硅酸钠，再次是过氧化氢，最后是次氯酸钠和甲醇。次氯酸钠、过氧化氢、甲醇对八仙花都具有一定的漂白性，但对花材的漂白效果不太理想（见彩图 21）。但是，亚氯酸钠在漂白过程中会释放氯气，对人体有害，所以八仙花漂白可选用过氧化氢加硅酸钠。

另外，同一漂白剂，因浓度不同也会影响漂白质量，如对于蓝色和红色八仙花，在 20%的次氯酸钠溶液和 15%的过氧化氢溶液中漂白效果最好（见彩图 22、彩图 23）。

5.2 干花染色

染色是指用色料渗入花材组织中或附着于花材的表面，使花材着色的方法。色料渗入花材内使其着色的方法称为染料染色；色料附着于花材表面的着色方法称为涂料染色。

5.2.1 色料种类

色料可分为两大类，用于材料染色的色料称为染料，用于涂料涂色的色料称为涂色料。

(1) 染料的分类

根据染料化学性质的不同，染料可分为酸性染料、盐类染料、碱性染料和非水溶性染料四大类。前三类染料可溶于水或酸性、碱性溶液中，第四类染料基本不溶于水。

由于大部分染料易受潮、易飞扬，因此应将其保存于干燥、阴暗处。盛放染料的容器应保持较好的密封状态。

(2) 涂色料的分类

用于干花着色的涂色料主要有漆、金属色料、水性颜料和油性颜料等。这些色料均不透明，所以用涂色法为干花着色时可不必将花材先行漂白。

漆主要有醇酸类漆、硝基漆、无光漆等多种；从色彩上划分包括无色的清漆和有色漆。其中，醇酸类漆干燥慢，光泽强；硝基漆干燥快，光泽强；无光漆光泽小、质感好，但色彩种类少些。

金属色料包括铜金粉和铝银浆。金属色料自身无法固着于花材上，要用清漆作为附着剂将其固着。

水性颜料包括广告颜料、水粉色等种类。其颜色丰富，是涂料涂色中广泛应用的一类色料，可在黏合剂的协助下固着于花材表面为花材着色。其中以荧光广告色和荧光涂料着色最为艳丽。

油性颜料主要是油画色、油彩，只能采用手工涂抹的方法加工，仅限于家用，少用于工厂化生产。印花涂料是指一类不溶于水的颜料。也可用于干花的涂色。

5.2.2 染色方法

5.2.2.1 涂色法

(1) 涂漆法

涂漆法方法简单，应注意适当掌握油漆黏稠度。在用金属色料涂色时应注意清漆的用量比例，过大金属光泽不好，过小则牢度差。

(2) 水性色料涂色

该法难点在于色浆的调制，应注意色浆的黏稠度、均匀度。如涂制浅色，为达到好的效果可使用漂白花材或在色浆中加入适量的白色遮盖剂。烘干时应注意控制好温度，使干花迅速干燥且成膜效果良好。

(3) 油性颜料涂色

将稀释剂调好颜料，用毛笔涂于花材上，干燥后即完成。此方法简单，常手工操作，一般仅适用于叶材着色的家庭制作。

5.2.2.2 染料染色法

在染色过程中，染料的选择极为重要，要求染料的色泽鲜艳、透明度高，且易在植物纤维上着色。生产中采用最多的是用于纺织业的偶氮阳离子染料（即碱性染料）。彩色墨水、食用色素有时也可作为干花染色的染料。表5-2列出了部分花材适用的染料名称和染色方法。

表5-2 不同花材的染色方法

植物名称	染色后颜色	染 料	染色方法
绣线菊	宝石蓝	食用色素	室温20℃左右浸泡，染色剂3g/L，染色2~3h
绣线菊	紫	食用色素	室温20℃左右浸泡，染色剂3g/L，染色3~4h
菊花	日落黄	食用色素	花枝修剪至40cm瓶插，染色剂12g/L，染色3~8h
满天星	日落黄	食用色素	花枝修剪至40cm瓶插，染色剂9g/L，染色2h
满天星	胭脂红	食用色素	花枝修剪至55cm瓶插，染色剂9g/L，染色3h
八仙花	柠檬黄	碱性染料	室温20℃左右浸泡在3g/L染色剂中，染色13h
百合	果绿	食用色素	花枝修剪至40cm瓶插，染色剂15g/L，染色21h
马蹄莲	柠檬黄	食用色素	花枝修剪至40cm瓶插，染色剂10g/L，染色5h
月季	红	红墨水	花枝修剪至40cm瓶插，染色剂250mL/L，染色5h
月季	果绿	食用色素	花枝修剪至40cm瓶插，染色剂12g/L，染色4h

如采用红色和黄色的碱性染料、彩色墨水和食用色素浸染八仙花，结果发现，三种染色液中碱性染料的上色更快，需要13h上色，染出的颜色鲜艳且均匀；墨水上色时间较慢，需要24h，但墨水染色较为均匀，染色效果较为淡雅；食用色素的上色时间较慢，需要24h，且食用色素染色不均匀，染色效果较差（见彩图24）。因此不同花材的最适染色方法需要通过在实践中的不断摸索来确定。

根据染色时是否需要加热染液，染色方法一般包括煮染法和浸染法两种。

(1) 煮染法

煮染法需要高温加热。调制染液时应边调边试，根据需要的颜色深浅增加染料加入量，直至达到所要求的色彩后再进行染色。如为工业化生产，应在大量煮染前先做小样煮染试验，确定染料配方后再进行大量染色。煮染时应注意控制好温度及染色时间。

(2) 浸染法

浸染法的工艺流程与煮染法基本一致，只是没有加温过程，常温浸泡即可。浸染法通常用于染制叶材，染色牢度较差。

煮染法由于上色效果好，需要的时间较短，煮染时观察到花材颜色比所需颜色稍深时即可停止加热，冷却至室温后，取出花材，冲洗掉表面浮色后悬挂晾干。浸染法需要24h甚至更长的时间，一般等到颜色浸染到比所需颜色稍深后捞出，冲洗上面附着的色素，然后使用皮筋等辅助工具将花材倒挂在通风处晾干，避免放在阳光直射的地方。

上述两种方法的染色效果不同，适用的花材也不同。如对于八仙花来说，随着染液浓度的增加，染色效果显著，染液浓度为30%时可获得满意效果。温度升高及时间增加，有利于花材的染色，当温度达到70~90℃时染色效果最佳，染液pH以4~6为宜。无论采用哪种色料，煮染和浸染后颜色基本相同，但煮染的时间短，需要的染料比浸染的少。

干燥后的花浸泡在不同颜色的碱性染料里24h后，捞出水洗后晾干，可以得到颜色丰富和品质较好的立体干花和单瓣花朵（见彩图25、彩图26），这些较好的花材为立体干花作品（如人工琥珀干花类和胸针类等）的创作提供了丰富的干花原材料。

5.3 干花软化

干花软化是市场对干花产品的新要求。干花干燥之后，因过分干燥而缺乏液态内容物，非常容易发生脆裂易断现象，为干花的贮藏和运输及干花装饰品的制作带来很大困难，对干花商品化的发展造成极大障碍。因此需要对干燥后的花材进行软化处理，通过增加干花中的液态不挥发内容物，来解决干花的脆裂、脱落问题。

5.3.1 干花软化方法

（1）柔软剂法

柔软剂法是指将干花用柔软剂处理，使花材纤维适当膨化以增加韧性的方法。目前应用的柔软剂主要可分为三类。第一类主要是油、脂及蜡类，如橄榄油、牛油、矿物油、石蜡等；第二类为表面活性剂，如肥皂、土耳其红油、脂肪醇硫酸酯等；第三类为吸湿剂，如氯化镁、氯化钙等。

（2）液相替代法

选用有机液相替代花材中的水分并滞留在花材中可以起到支撑作用，因而可以降低其干燥后的皱缩程度，起到有效保形的作用。甘油和聚乙二醇是良好的替代液剂。甘油属于强力高渗性溶液，有很强的吸湿性和脱水作用。聚乙二醇是非离子型的水溶性聚合物，它能与许多极性较高的物质配伍，对热、酸、碱稳定，与许多化学品不起作用，具有良好的水溶性、润滑性、分散性、保湿性、热稳定性、黏接性、抗静电性，并与许多组分有良好的相容性。

一般以适当浓度的甘油或聚乙二醇等溶液浸泡干花，令其吸入一定量的软化剂，即可达到软化目的。一般采用浸渍或内吸的方法，让甘油或聚乙二醇等溶液替代花材中的水分。其浓度及处理时间因花材及方法不同而异。若用50%的甘油，浸渍法处理只需30min~3h，内吸法则需要15~30h。

5.3.2 软化效果及存在问题

用柔软剂处理的干花色泽好，对脆裂、易折现象有所改进。甘油处理的花材，软化后花瓣柔软，观赏价值高，脆裂、易折现象得到解决。但有时处理后的花材会出现渗液、色泽变暗、表面有黏性、易吸尘、易霉变等现象，因此，在软化实践中需要对存放过久、效果变差的花材再次进行加工。

小　结

本章详细介绍了干花漂白的方法、步骤，不同漂白方法漂白效果的差异，干花染色的方法和干花软化的方法。通过本章的学习，学生可以了解常见的漂白剂种类和染色剂种类，掌握干花漂白、染色和软化的方法。并能根据其所掌握的知识获得某种植物材料的漂白花材或者染色花材，从而为后面干花装饰品的制作提供颜色丰富的干花原材料。

思考题

1. 漂白的方法有哪些？不同漂白剂对同一花材的漂白效果有什么不同？
2. 染色的方法有哪些？不同染色剂对同一花材的染色效果有什么不同？
3. 干花软化有哪些方法？

推荐阅读书目

1. 干燥花采集制作原理与技术. 何秀芬. 中国农业大学出版社，1993.
2. 干燥花制作工艺与应用(第2版). 洪波. 中国林业出版社，2019.

6 平面干花装饰品制作

平面干花是干花的一种，通常又称为压花、押花。平面干花是利用物理或化学方法，使植物材料的花、叶、茎、根、果或树皮等部位经过脱水、保色、压制和干燥等过程而形成的平面花材。

平面干花艺术是一种融合了绘画与花艺设计的平面装饰艺术，是将压好的平面干燥花材，按照一定的艺术手法，依作者的爱好和想象，自由制作成的格调高雅、色彩丰富、形式多样的干花装饰品。平面干花艺术来源于植物标本，是以植物为基本材料，设计制作工艺品的艺术形式。它是植物标本制作的升华，是植物科学和艺术相结合的产物。

平面干花可以与日常生活用品和装饰品相结合，具有极高的观赏价值和实用价值。目前，以植物压花为原材料的压花画和压花装饰品开始逐渐受到大众的青睐。21世纪初，叶脉书签等压花装饰品开始在我国流行。20世纪80年代中、后期，以北京的红枫叶制成的贺卡、书签成为当时中国压花装饰品的典型代表。现在，压花装饰品已经可以应用到生活中的方方面面。包括压花卡片类，如书签、贺卡和请柬等；压花饰品类，如耳环、项链；压花生活用品类，如花瓶、手机壳、台灯、座椅和屏风等；以及直接用于人体的压花装饰，如压花美甲、面饰、服饰等；此外，压花还可以用于室内环境设计，可根据环境需求的不同，设计整屋压花装饰，从而达到最佳的装饰效果。

平面干花艺术作品种类繁多，分类依据可以从作品表现手法出发，可以从构图形式出发，也可以依据压花作品的用途进行分类。按照作品用途的不同，可以分为压花画类、压花卡片类、日常干花用具三大类。

6.1 压花画类制作艺术

压花画类的作品体量有大有小，构图形式多不固定，大多家庭室内压花画体量并不大，多为挂壁装饰画或摆件装饰画。按照构图内容的不同，又可将其分为植物自然形态式压花画、花卉式压花画、人物动物类压花画、风景式压花画和图案式压花画等类型。

6.1.1 压花画类作品制作步骤

6.1.1.1 背景制作

作品的背景会直接影响作品的整体效果,处理得当的背景能够深化主题、渲染气氛;反之则可能喧宾夺主,影响主题的表达和艺术效果。

压花画创作中的背景处理方式主要有以下几种:

①直接背景　直接利用各种衬纸、布及其他基材的底色、纹理或图案效果展现作品背景,上面不再做其他任何修饰。常用的背景基材有各色卡纸、宣纸、和纸、餐巾纸、包装纸、蕾丝、丝绸、纱、印花布、亚麻布、亚克力板、玻璃、陶瓷等。在具体应用时可根据作品主题风格选择合适的背景底色或将多种方法结合使用。

②用缎带、布、彩色贴纸装饰拼贴成背景　其实就是拼纸,不同于第一种直接用一张纸或布匹的纹理色彩,而是将多种不同色彩、花纹、材质的素材拼贴成背景,这种背景制作方法比较考验创作者对色彩的感觉,既要注意拼贴素材之间的创新与统一,也要注意背景素材和花材之间的和谐。

③渲染背景纸　将典具纸(极薄和纸)、云柔纱等进行渲染,用食用色素或丝绸染料等少颗粒物的染料配制出需要的色彩,用毛笔将染料涂抹在典具纸上,按照自己的设计需求渲染出美丽的纸张,也可结合扎染手法进行渲染。此种方法渲染出来的纸张清透、色泽柔和,可用整张纸作背景,也可叠加,还可以撕取部分表现湖色、远山、云彩等。

④绘制背景　参考绘画手法,用彩铅、粉彩、水彩、水粉、马克笔或广告颜料等工具在纸上绘制背景。粉彩法可用刀片将粉彩笔的彩粉刮下,再用棉花或纸巾等蘸取粉末涂擦于衬纸上,常用不同的粉彩进行混合调色或用来制作过渡色。水粉、水彩以水为媒介,用天然海绵、毛笔等来处理颜料,也可制作出丰富多彩的背景。使用这种方法时要注意应在其干燥后再进行压花画的制作。使用彩铅、马克笔等可按照自己的设计在卡纸上涂画需要的色彩,制作出需要的背景色。

绘制背景的好处是可以局部绘制,分层进行,营造空间关系,使背景更加丰富细腻,在平面艺术上塑造立体视觉感。绘制背景适用于画面内容丰富多样、构图复杂的压花作品中,常见的有表现天空、流水、草丛、云彩、远山等,绘制时注意点到为止,交代出整体环境氛围即可,切不可过于复杂详细,喧宾夺主。

⑤压花背景　直接用植物材料在背纸上粘贴,刻画背景。这种形式更突出压花艺术的特色,但一般更适用于画幅较小的作品,画幅过大的作品容易浪费花材且使背景过于碎片化。粘贴时注意花材的纹理色彩,要预先挑选好足量的花材,所选花材要形状统一、色彩接近。粘贴时纹理方向要整齐,色彩变化自然。如利用蓝色八仙花的花瓣来制作天空或水面的背景,利用红色天人菊的花瓣制作落日的余晖等。

6.1.1.2 图案设计

压花艺术的图案设计直接影响压花作品的好坏。压花作品的设计构思,要根据花材及底衬的材料、形态、颜色来进行，也可以先有设计主题和构思，再去配置花叶和底衬。明确创作主题后，可以通过整体造型、色调、花材习性、花材寓意、诗词意境等途径来表现主题。构图方法常用植物自然形态式构图、人物动物昆虫式构图、插花和花束式构图、风景式构图和图案式构图等方法。图案设计时可以直接在背景纸上完成花材的摆放布局，也可以借助手机、相机等先将设计好的图案记录下来，以备后面的操作。

6.1.1.3 立体层次处理

压花是二维画面，为了表现三维立体空间感，需要注意以下几个方面：

①按构图至少创建三个平面 即近景、中景和远景。结合景物体量大小的处理、精致与简约的处理、色彩的浓淡处理、清晰与模糊的处理，丰富画面层次。

近景：是处于主体前面，靠近观赏视线的物体，大都处于画面的四周边缘。常常表现近景的时候景物体量大，颜色较深，物体轮廓清晰可见，细节清楚。

中景：大多指画面中的主体，视距比近景稍远。

远景：是指在主体后面用来衬托主体的景物，视距最远，对丰富画面、渲染主题、突出主体起着重要的作用。远景的表现一般颜色浅淡，体量变小，轮廓模糊，可利用云雾增加透视感。

②光线透视 画面的明暗、色彩随着距离、层次关系、遮挡关系产生变化。在创作时要考虑光源位置，一般被遮挡住的部位，光线最暗，向外逐渐提亮。

③花材材质对比 在风景式压花画中，制作远山、近处的假山和石块时都要使用能表现石头质感的花材，但也有区别，如远山所用的花材要求质感细腻，假山所用的花材可以稍微粗糙一些，前景石块所用的花材可以更加粗糙，从而形成对比，增加景深，加强画面的透视感。

6.1.1.4 植物材料的巧妙应用

在构图时要注意植物材料的巧妙应用，可从以下几个方面提升作品的质量：

①妙用质感纹理 要学会观察和利用各种植物的纹理质感，如丝绸等布料的质感可以用牡丹表现；白月季、白萝卜、粉绣球等可以用来表现人物的皮肤；叶脉可以制作窗帘网纱；石墙的纹理用白千层树皮或腐蚀叶片来展示；窗框可以用玉米苞叶构建；洒金榕叶片可以做大地或远山等。

②巧用形态 植物的造型也可以带来很多创作灵感，需要仔细观察，发散思维去想象。如绣球、香石竹、银杏可以用作"女孩子的裙子"；姜花花瓣可做"月亮"；蓝蝴蝶花如其名，像蝴蝶一样灵动可爱。

③以实写实 表现近景的花朵时，如月季可用小型的月季花，兰花可用小朵的兰花直接表现，芦苇荡可直接用各种芦苇表现，花海用各种小巧的花朵表现。树干可以用较薄的树皮表现，如千层柏、白桦树。

④以小见大 在表现自然景观时，现实中的森林、树木、山体对照到压花艺术上，肯定是无法按照实际体量表现的。常用一些细节丰富和线条美观的野花野草、蕨类植物、小型植物茎秆、植物新叶等表现。所以在压花制作中，小型的花朵、草木更常用。

⑤集中概括　表现自然景观时不可能做到一枝一叶、一点一滴详细描绘，需要做减法处理，减少一些细节和层次的刻画，在表现具有大块色调的景物时，可忽视细节的处理。

6.1.1.5　花材粘贴

许多胶水在固定压花时易造成压花的变褐褪色。一般选用含水量少、易干燥的酸性胶液为压花的固着剂。目前常用的胶有白乳胶和B-7000胶。白乳胶是固定花材最常用的一种胶，价格低廉、效果好，是压花初学者最常用的、性价比很高的胶。B-7000胶是压花行业固定花材的特殊环保胶黏剂，也是目前国内压花爱好者最常用的胶。注意在压花画创作时，不宜过多涂抹胶水，能将花材固定即可，不然花材容易变色，影响观赏效果。部分体量较大的花材也可使用双面胶来粘贴。

6.1.1.6　装裱

压花作品由植物材料经干燥、设计、拼贴等工艺制作而成，具有植物天然的理化特性，在保存时易受外部环境因素影响，如温度、光照、湿度及微生物等都会造成作品观赏寿命缩短，因此干花在观赏和保存时都要注意避光防潮、防风、除尘和防虫。

压花画的装裱常采用塑封覆膜保护法、真空密封镜框保护法等方法。

(1) 塑封覆膜保护法

塑封覆膜保护法是在完成的压花作品表面覆上一层保护膜来保护花材的一种压花画面保护法，是最简单的保护方法。粘贴好较薄花材的压花作品，可采用塑胶膜进行保护，塑封可以隔绝空气，达到一定程度的防水效果，避免灰尘污染。过塑后可以直接将作品嵌入相应的镜框内，悬挂观赏。此种方法简单易学，适合家庭及小型压花工作室使用。

塑胶膜有两种：一种是过塑胶片，将作品放在胶片间，用热压过塑机过塑；另一种是带有黏胶的冷裱膜，将其覆盖在作品上，加压推平，使塑胶膜紧紧地粘在作品上面，最后修整边缘。覆膜可作单面或双面覆膜，以双面覆膜保护效果最好。应当注意的是，热压过塑覆膜过程中有加热作用，一些花材会产生一定的变色，但对于经过化学保色的花材无影响。塑封保护常用于书签、贺卡等小尺寸压花作品。

(2) 真空密封镜框保护法

真空密封镜框保护法是压花画制作中常用的保护方法，操作方法如下：①准备一块与画幅大小形状一致的玻璃，在作品完成后，覆盖在作品正面，用锡箔胶带将玻璃四周与作品的四边密封；②在作品背面衬一张弹性棉后放置在铝箔纸上，弹性棉与铝箔纸中间放置干燥板、干燥剂、防腐剂或防虫剂，以防受潮、腐烂或虫蛀，用锡箔胶带将其背面进行密封；③在玻璃和铝箔纸之间涂抹树脂胶密封镜框四周，在树脂胶干之前抽真空。抽真空时掀开一角，把连接真空泵的吸管放入，开泵抽真空，然后将吸管慢慢抽出，粘贴牢固，等胶固化。最后将真空装裱后的压花艺术作品镶嵌在画框中。画框最好选择木质的，与压花作品一样保持天然制品的特色，也可以选用金属框。为了更有效地防止日光照射和潮湿空气侵入，可以采用防紫外线照射的玻璃或玻璃贴防紫外线膜。

真空密封镜框保护常用于尺寸稍大的压花画，密封装裱的压花作品通常可以保存20~30年。

6.1.2 压花画类作品种类

6.1.2.1 植物自然形态式

植物自然形态作品通过压花的形式表现植物自然形态特征、色泽、肌理。干燥处理的植物材料可以长期保存，将植物的自然美永恒地留存在压花作品中，展现一种独特的意境和魅力，令人赏心悦目。在自然形态式作品的制作中要遵循本于自然而高于自然的原则，在保证作品自然美的同时，兼顾其意境美，两者兼顾，将获得更好的艺术效果。

(1) 植物自然形态式的特点

平面干花最初起源于植物标本，经过长期发展有了各式各样花材组合的设计形态。而植物自然形态式是最接近植物标本的一种表现风格。植物自然形态式弱化了构图设计的概念，着重表现植物本身的美感。在西方艺术中，植物是不可或缺的一部分，认为植物（树木、药草、花朵）是一件具有内在生命力的艺术作品，一种完整的植物形态，不需要人类进行视觉渲染或材料处理，就能成为一件艺术品。因此，植物天生就是自然美的典范，是和谐、对称、色彩和其他美的表达。植物自然形态式压花画所要表现的就是这种自然美，它可以是多种植物的拼贴，也可以仅仅是一张特别的叶片、一朵美丽的花。

植物自然形态式一般又可分为植物标本风格和植物写生风格。植物标本风格接近于常说的极简风，不同于标本的严谨性，更加随性、自由，背景常采用简单的纯色，甚至是透明玻璃，其制作方法在压花画中最为简易，更加考验创作者去发现自然之美的眼睛。植物写生风格需要仔细观察植物自然生长的形态，然后用平面干花表现。为了更好地还原植物自然生长的形态，一般需要注意在采集压制时同种植物的花、枝、叶，甚至根、果等都要保留；正面压制、侧压的花朵和花苞也都要准备；枝叶的弯曲造型等在压制时尽可能地保存。在组合制作时需注意画面的层次及遮挡关系，尽可能地还原植物的自然生长姿态并营造一定的立体感。背景一般为纯色或者进行简单的渲染。

(2) 植物自然形态式示例制作步骤（以彩图27为例）

①秋季时分的叶色丰富多彩，外出采集美丽的叶片，用压花板将它们干燥处理备用。

②取一张白纸（也可以是其他颜色或其他材质的纸）作为背景，可以根据自己的想法做简单的手绘。这幅图因为叶片都要做直立向上布置，表现出一种从地面生长而出的感觉，所以用黑色的笔画线条作水平基面。

③观察叶片，这幅图主要表现的是叶色的变化，所以重点放在色彩上，选择叶片由绿色到红色形成渐变，最后用画框装裱（见彩图27）。若无保色需要，欣赏植物自然褪色的美感，直接装框即可；若想要色彩长久保存则采用真空装裱。

由于这种风格的压花画着重于表现植物的自然美，画面简单，所以选择的画框也应尽量简易，过于复杂华丽的画框反而显得不协调。

(3) 植物自然形态式作品赏析

①见彩图 28 所示，两幅作品的风格更接近植物标本，制作时需注意植物材料排列的方向，如在整体上全部朝上，给人竖向的秩序感，而其中弯曲倾斜的小枝条又增添了自然的感觉，整体和谐。

②彩图 29 所示作品着重表现植物本身的色彩美、造型美。如第一幅中采用了三种颜色的虞美人，并且盛开的花和花苞皆有，以同色系的浅色作为背景凸显虞美人艳丽的色彩，又使得画面整体温暖和谐，画面中的点睛之笔是花枝，完美地还原了虞美人花枝本身的蜿蜒优美。第二幅作品为一株蝴蝶兰，由于画面较小，不可能完全取一整株压制，所以作者取了几朵全开、半开的花苞，靠近枝头的枝条，枝条上带小花苞和较小的两片叶子，压制干燥后组合成一株完整的花。

③在中国传统文化里玉兰具有吉祥的寓意，常将玉兰作为装饰画悬挂于家中，借花语花意来表达对美好生活的祝福。见彩图 30 和彩图 31 所示，两幅作品以玉兰的自然姿态入画，材料选择牡丹（玉兰花）、西府海棠、向日葵（黄色蝴蝶）、三色堇（蝴蝶翅膀）、金盏菊（蝴蝶翅膀细节）、梧桐树叶（花篮）、玉兰枝条等。玉兰枝干的制作材料采用的是玉兰的树皮（采集新鲜的玉兰树枝，用刀片将树枝表皮削下来放入干燥板压花器中进行压制、干燥而成）。在制作玉兰花朵时，要将花朵分瓣制作，以增强花朵的立体感。

④作品《国色天香》（见彩图 32），结合国画写生风格，利用植物材料纹理，通过控制色彩脉络走向，模仿刺绣质感。盛开的牡丹娇嫩艳丽，枝叶饱满舒展，作为画面主体。一旁花蕾沐浴阳光，含苞待放，增加空间立体感，丰富层次。两只轻舞灵动的蝴蝶翩翩而来，游嬉花丛间，丰富画面点缀平衡，增加趣味性和动感。将来自自然的花瓣枝叶、昆虫标本经过处理和重新组合，将美好定格，在纸面方寸间焕发生机，使四月的蓬勃生命、盎然春意跃然纸上，如同归沐山野，忘情自然。所用植物材料有：紫斑牡丹、矮牡丹、'赵粉'、樱花、桃花、牡丹叶、牛筋草等。蝴蝶标本：美眼蛱蝶、柑橘凤蝶。

⑤紫花地丁压花作品（见彩图 33）中，使用的材料全部源于紫花地丁植物，为了将其姿态表现得惟妙惟肖，选择了大小、方向不同的叶片和长短不一的茎以及不同形态的花朵。

⑥八仙花压花作品（见彩图 34）中，画面构图模仿压花艺术家 Kate Chu 的压花画作品，用各色八仙花和其叶片塑造了八仙花的原生状态，是一幅写生型压花画。画面八仙花由左下角沿对角线发展，动态感十足，花朵颜色以紫红色为主，点缀白色和绿色，花瓣遮挡关系符合真实植物状态，富有立体感，叶片深浅渐变，体现前后关系，八仙花的自然生命力跃然纸上。

6.1.2.2 人物动物昆虫式压花画

人物动物昆虫压花是压花艺术的主要组成部分，该类压花画重点在表现人物、动物或昆虫的形态、神态、情感，以及所营造出来的氛围意境以及故事性。要求姿态灵动，表现多样；入木三分，惟妙惟肖；质朴自然，返璞归真；情感丰富，意趣横生。包括写意、写实和卡通。它们可以作为压花画的主景，也可以作为点缀，和其他要素结合，共同表现主题。

(1) 人物动物昆虫式压花画的特点

这种类型作品的构图的设计可以是单幅图，也可以多幅画进行统一设计构图而组成具有故事性的作品。

人物压花是以人物为重点表现对象的压花作品形式。人物表现有两种形式，可以抽象表现，也可以具象表现。抽象表现，以传达出人物的轮廓、背影为主，着重表现人物姿态、动作、服饰等类似卡通或者简笔画的类型，以此表现人物姿态或者传达情感。作品《两小无猜》(见彩图35)为卡通人物，制作重点在于人物的动作，符合人物年龄的服装、画面故事的表达、人物皮肤五官较为简略。具象表现，以具体刻画细节为主，侧重表现人物神态更加写实的类型，通过准确的细节(五官、发型、衣着、动作等)来表现人物特征。通过植物材料天然的色彩、肌理、形状，与人物作品细节相结合，能达到更好的艺术效果。作品《名伶》(见彩图36)中的人物偏写实，且画面表现主体为人物头部，所以面部皮肤、表情及发饰是重点。在人物压花画中人是主体，也可以再添加一些环境元素作为陪衬，这叫作补景。这里的补景是为了烘托人物，切不可喧宾夺主，如季节刻画、陈设布置、情调渲染都要符合人物需要。

动物昆虫在制作时其动作形态、毛发与神态的刻画非常重要。例如，常用芦苇、棉花等植物材料表现小熊身上的毛发；用滨菊等菊科植物的花瓣制作鸟的羽毛等。

人物动物昆虫式压花画的制作在技法上大体是相同的，虽然作品是由植物材料制作，但在制作过程并不需要过多考虑植物的自然属性，而是将其看作点、线、面的素材，选择恰当色彩、纹理、质感的植物素材，通过粘贴组合刻画人物、动物、昆虫。

(2) 人物动物昆虫式压花画的制作步骤

下面以蝴蝶为例介绍制作方法，主要包括结构拆分、图形转印、花材拼贴和结构重组四个步骤。

①结构拆分　如图6-1所示，在纸上绘制好蝴蝶造型，也可直接通过互联网寻找图片打印出来。取半透明硫酸纸覆盖在底稿上，按照蝴蝶的构造将整体拆解成为四个部分进行拓印，以便之后逐一去制作。

②图形转印　如图6-2所示，将拓印到硫酸纸上的图案剪裁下来，再将其粘贴在双面贴纸的一面，另一面用于粘贴花材。将转印的硫酸纸连带双面贴纸沿拓印的线条边缘裁剪下来，裁剪时可稍微比之前拓印的边线扩大一圈。

图6-1　蝴蝶制作步骤——结构拆分

图 6-2　蝴蝶制作步骤——图形转印

③花材拼贴　如图 6-3 所示,将之前转印好的四个部分逐一制作,双面贴纸的一面是硫酸纸稿,另一面撕掉保护膜,根据蝴蝶翅膀色彩,首先粘贴外圈深色花瓣,然后粘贴内圈浅黄色花瓣,每种颜色选择大小和形状较为均匀的同种花瓣进行排布,再将花材一层一层往上叠压,每行之间错落布置。

图 6-3　蝴蝶制作步骤——花材拼贴

④结构重组　将拆分逐一制作的四个部分对照绘制的设计稿,见彩图 37 所示,背面点涂胶水,进行拼贴重组。蝴蝶翅膀组合好后,接着粘贴蝴蝶身体和触角,见彩图 38 所示,蝴蝶身体采用玉兰花基部苞片,有毛茸茸的触感,蝴蝶触角采用玉兰花的花蕊。

各部分制作完成后进行组合,用镜框装裱后即成为一副精美的压花画作品,如彩图 39 所示。

对于动物式压花画,都可以采用以上步骤进行制作。重点是要选择合适的植物材料来表现动物的形态和神韵。作品《雄鸡》(见彩图 40)用红色月季做成鸡冠,橙色月季做成鸡头,用其他颜色的月季做成身体,用广玉兰叶片做成鸡腿和鸡爪,用褐变的月季花瓣和深山含笑的花瓣做成公鸡尾巴,刻画出了一只栩栩如生的公鸡。作品《蜜蜂》(见彩图 41)在底稿上依次粘贴蜜蜂的头部、触角、身体和翅膀等,头部用矮牵牛的花瓣制作,触角用狼尾草,腿部用白玉兰花瓣,翅膀用山蕨做成轮廓,再用花瓣和其他材料填充,一只蜜蜂的形象就跃然纸上。

(3) 人物动物昆虫式压花画作品赏析

①作品《美人在骨》(见彩图 42),王昭君面部处于画面相对视觉焦点处,清晰表达作品中的人物故事主题。后景置山茶,与前景王昭君怀抱琵琶相呼应,记录昭君出塞时带着琵琶和山茶花。整幅作品的大背景运用水彩营造出边塞的昏黄,表现西域的地理特色。前景王昭君身着红色衣裳怀抱琵琶,后景淡雅的白色山茶花是王昭君民族气节的象

征缩影，两者色彩对比突出作品中的关键人物，展现王昭君令人欣赏的大气之美。所用植物材料有：橘色八仙花瓣（琵琶袋子和琵琶）、黑色八仙花（褶皱、琵琶、头发、眼睛和眉毛）、古铜色八仙花（裙子和琵琶）、绿色八仙花（耳环）、红色月季（披风和嘴）、芦苇草（衣服边缘）、粉晶菊（手）、松果（树枝）和白蜡梅（花朵）等。

②作品《顾盼生辉》（见彩图43）灵感来自《诗经·卫风·硕人》中的"巧笑倩兮，美目盼兮"，本作品利用颜色鲜艳的花瓣组成简单的色块，线条的留白表现服装的褶皱，丁香、珍珠绣线菊点缀其中，让画面精致耐看。恰当地运用色彩对比，娴静的紫色和活泼的黄色相融，优雅却不失明艳，活泼却不失温柔。扇与善谐音，扇子寓意善良美好，折扇开合自如，开之则用，合之则藏，有进退自如、逍遥自在的寓意。以扇与女子相呼应，表现女子的鲜活美妙，以及两位女子之间的美好情谊。

所用植物材料有：丁香、寿星桃、贴梗海棠（人物服装）、二月蓝（人物服装、手帕）、黄刺玫、单瓣棣棠（人物服装、扇子）、珍珠绣线菊、榉叶槭、早熟禾（扇面装饰）和紫玉兰（头发、五官）。

③作品《人物九宫格》（见彩图44）借用西方近现代著名人物肖像进行抽象化色块设计以体现人物特点，色块饱满而丰富，带给观者层次感并充分激发观者对人物画作的联想。此幅图采用九宫格的规则型构图设计，人物形象规则放置，情绪却各有差异，人物情绪的或沉稳或激进强化了作品不同人物的主题。

所用植物材料有：各色牡丹花瓣、各色月季花瓣、黄色芍药花瓣、各时期树叶和天蓝色绣球。

④作品《华州皮影》（见彩图45），以女性人物头像作为作品主体，展现华州皮影以轮廓勾画、色彩艳丽、线条明畅有力度等特色。用玉兰花瓣对面部线条进行塑造，弯眉毛、细眼线、小尖鼻、樱桃口表现旦角女性的阴柔之美；发尾部用整个平面花朵进行粘贴，与额前、发髻处的鸟饰形成呼应，构成均衡的效果。世界影戏源于中国，中国影戏源于陕西，渭南市华州区是陕西皮影的重要发源地之一，此作品展示了华州皮影文化，旨在让更多的人了解和传承，展现它的非遗魅力。

所用植物材料有：二月蓝（头发）、珍珠绣线菊（头发和衣领点缀）、寿星桃（鸟饰）、木绣球（鸟饰点缀）、侧柏（鸟饰吊坠）、棣棠（额前发饰）、梅花（头花）、桃花（头花）、紫玉兰（脸部线条，包括眉毛、眼睛、耳朵等）、车轴草（发尾头花部装饰）、猪殃殃（耳坠）、连翘（脖子）、樱花叶片（衣领）和贴梗海棠（衣领）等。

⑤作品《牡丹仙子》（见彩图46）以牡丹仙子为主题进行创作，人物的头部由白色牡丹花瓣（脸和手臂）、银杏叶（头发）、三色堇（头饰）、小月季（头饰）等花材制成；服饰由白月季花瓣（衣服）、矢车菊（飘带）、蓝色绣球花瓣（束腰、腰带）、白晶菊（项圈）、三色堇（袖口花纹）、小月季（丝带）等制成；背景用到的花材有各色牡丹花瓣和牡丹叶等。这幅作品中将具象的人物表现和自然式的牡丹花朵相结合，增强了观赏性。

⑥作品《摘葡萄的女人》（见彩图47）画面复刻了意大利文艺复兴后期威尼斯画派代表画家提香·韦切利奥的作品《秋天》，但在色彩的呈现上与原作不同，作者利用现有的花材对画面颜色做了调整。画面中最大的亮点是利用蜀葵花瓣呈现出了

原作中少女裙袍的轻薄飘逸之感，蜀葵花瓣在压制后薄如蝉翼，同一片花瓣也会有深浅变化，十分适合作为裙袍的制作材料，由于蜀葵花瓣薄而透明，因此在制作时先铺了一层浅粉红的蜀葵花瓣打底，再使用紫红和深紫色的花瓣按照裙袍的纹理制作。

所用植物材料有：各色蜀葵、白色和紫色月季、棕榈丝、蛇莓叶及茎、各色槭树（秋色叶）和七叶树（秋色叶）等。

⑦作品《出征》（见彩图48）刻画的是在夕阳下，木兰与父辞别的豪迈和悲壮。画好底稿后，根据底稿的大小来拼接花材，先用白月季做成皮肤，用红月季做成服装，用紫苏叶做成铠甲，再用棕榈丝做成头发，用茄子皮做成黑色的靴子，用香蕉皮做成五官，用橙黄色系的非洲菊、月季和玉兰做成夕阳晚霞，用不同深浅的树叶做成苍凉大地。然后把木兰人物和其他要素组合起来，组成作品。

所用植物材料有：红月季、白月季、紫苏、百日草、棕榈丝、香蕉皮、茄子皮等。

⑧作品《星夜之梦》（见彩图49）以梵高所作油画《小旅馆主的女儿》为参考，画面中央的女孩儿为故事主体，以梦幻的蓝色为主要色调，表达出梦境神秘深邃的特点。背景利用剪碎的花材合理搭配颜色的渐变和色块的组合，体现出梵高油画独特的动态美感。

所用植物材料有：各色八仙花瓣、棕褐色树叶。

⑨作品《民国女子》系列压花画作品（见彩图50）以民国时期的上海女性为主题，表现重点以服饰为主，旗袍的结构简洁大方，造型优美自然，适合表现旧上海时期女性所特有的神韵与风采。

所用植物材料有：蓝色和黄色三色堇（服饰）、白色和粉色飞燕草（脸部用白色飞燕草、服饰用粉色飞燕草）、月季（服饰、帽子）、香石竹（服饰、衣袖）、鸢尾花（花朵）、波斯菊（衣袖及手套）、一串红、满天星（服饰）、白红黄等各色美女樱（服饰）、菩提树叶脉（团扇）、彩叶草（头发、绲边及盘扣）、兔尾草（毛领）等。制作部分主要分为头部及发饰、脸部及五官、服饰和背景等部分。先将各部分做好，然后按照先后再前的顺序进行拼贴。

⑩作品《晚餐》（见彩图51）以一对母女为主题营造了一个温馨的家庭日常场景。小猫懒懒地躺在毯子上，妈妈和女儿边吃饭边说笑。除主题人物用花材呈现外，画面中的镜框、桌面、灯饰、餐盘、饭菜、花盆等也全部用植物材料来体现，花材主要以芍药（服饰）、月季（人物面部）、樱花（墙饰）、稠李（墙饰）、红枫（镜框）、棣棠（服饰）等春季花材为主。

⑪作品《小王子》（见彩图52）取自小王子故事中的一个经典画面，用压花画的形式再现小王子和兔子面对远方眺望的场景。从深绿色的棕榈叶草丛逐渐过渡到浅绿色的麻叶绣线菊草坪，再到褐绿色的柳叶远山，营造出一种深远的意境。小兔子采用颜色鲜艳的香石竹制作，小王子分别采用贡菊（头部）、褐化粉色香石竹（脖子）、马蹄莲（围巾）、麻叶绣线菊和紫玉兰（服饰）等花材制作而成，整幅作品在颜色的处理上比较巧妙，层次过渡自然。

⑫作品《撒野》（见彩图53）以波兰艺术家Anastesz的画作《马》为模板，采用压花画

的形式再现这一经典画作,作品以月季、大花四照花、紫叶李、风箱果、鸡爪槭、南天竹为材料,栩栩如生地塑造出一匹正在撒野的马的形象。

⑬作品《兔子》(见彩图54)的大部分材料都是紫红色和白色系的八仙花,以及八仙花的叶片,兔子的眼睛和嘴巴则是用深紫色的月季花瓣来模拟,虽然兔子的颜色为白色,但作品利用不同颜色的八仙花拼接成兔子的身体,这样能呈现出光影的变化,更具立体感,八仙花组团则是模拟灌木丛,左上角的两只蝴蝶像是在扑闪翅膀,营造出画面的动态效果。

⑭其他压花画作品欣赏(见彩图55~彩图66)。

6.1.2.3 插花式

利用各类压制干燥好的花卉以及枝叶制作各式各样的花束,是压花艺术中简单易学、上手较快且很受欢迎的设计方式。在日本有一种常见的产业化压花工艺——手捧花压花,就是花束图形。在花束下面再制作一个花器便成了插花式。

(1) 插花和花束式的特点

插花艺术和压花艺术在构图、色彩搭配上有很多相似之处,但是插花是三维空间造型艺术,压花属于平面艺术,要想营造出插花的立体感,主要利用材料的粗细变化、花材之间的穿插层叠、粘贴的先后顺序以及近大远小的透视原理来营造立体感。

在插花和花束式压花作品中,花材的选择非常重要,它是作品的重点,通常选择花型、花色、寓意较好的花材入画,此类作品形式可以参考鲜花插花及鲜花花束的制作方式。插花式压花作品中花器的选择和制作要与花材造型相搭配。花束式压花作品中,可以搭配适宜的丝带、包画纸等辅材,以丰富画面。

插花艺术从风格上分为东方式插花和西方式插花。东方式插花起源于中国,讲究线条美、意境美;西方式插花起源于古埃及,讲究色彩美、装饰美。本节以中国传统插花为蓝本,分步骤介绍中国传统插花式压花制作的过程,并考虑意境的营造和表达。

(2) 中国传统插花式压花《事事如意》制作过程

①植物材料 本作品是在底稿设计的基础上制作的,制作过程需要的花材有:银叶菊、小菊花、桃树皮、郁李小枝条等。

②花瓶的制作 制作花瓶时,根据叶脉的走势,倾斜粘贴于底稿相应的位置上。然后再选取一片能与前一片叶材的叶脉相对平行且有部分叶脉能连接在一起的叶材进行修剪,拼接在上一片叶材的旁边,依次类推,根据底稿的形状拼接粘贴出整个花瓶(见彩图67a)。

③花枝的制作 线条是中国传统插花的灵魂,是造型的基础,是营造空间感的骨架,所以要用平面的干花材料营造梅枝的各种姿态,或纤细,或粗重,或苍劲有力。为了营造真实感,用郁李的小枝条做成梅花的细枝,用桃树枝条的皮做成梅花的粗枝(见彩图67b)。

④整体图 根据作品主题,又做了如意和配件苹果,共同表达事事如意的主题,传递对生活的美好祝福(见彩图67c)。

(3) 中国传统插花式压花《十全图》制作过程

《十全图》是明代画家边文进的绘画作品，属于中国传统插花隆盛理念花类型，该作品以此为蓝本制作压花，旨在传承传统文化，表达十全十美的美好期望。

①绘制底稿　以瓶花《十全图》为蓝本，按照比例将其描绘在背景纸上，绘制底稿一定要规范工整，为后期花材的粘贴操作降低难度，也会使作品的整体呈现更趋于完美（见彩图68a）。

②枝条的制作　用郁李的小枝条做成梅花的细枝，用桃树枝条的皮做成梅花的粗枝。春季气候变暖，雨水充沛，形成层的分裂活动渐渐增强，导管和管胞的口径较大且壁较薄、质地疏松，用郁李枝条的春材削薄后粘贴，其表皮和木质部很容易脱离，粘贴较麻烦，影响作品的整体效果；夏末秋初维管形成层的活动减弱，导管和管胞的口径较小且壁较厚、质地坚实，用郁李枝条的秋材削薄后粘贴，表皮和木质部不易脱离，粘贴效果好（见彩图68b）。

③花朵、果实和配件的制作　用珍珠梅的花代替梅花，直接粘贴在枝干上；用打孔器在红月季花瓣上打小圆片，然后拼接成南天竹果实；用打孔器在褐变的深山含笑叶片上打出椭圆形小片，根据松果的形态，从上向下拼接出松果的形状，制作松果；把吸色的芍药花瓣修剪成合适的形状和大小，制作柿子；用绿绣球制作如意；用山李果皮和香菇制作灵芝；依次粘贴（见彩图68c）。

传统经过历史的筛选和验证后方能成为经典，其中包含了历代卓有成就的艺术大师对传统精华的继承与创新。中国压花艺术设计时要注重从传统艺术元素中汲取营养，把传统的文化和内容作为压花艺术创作的素材，在艺术的创作过程中进行提炼、概括和再加工，创造出形式多样化、精致化与独特化的具有中华民族特色的压花艺术品。

(4) 花束制作过程

花束是礼仪插花的一部分，也是大家喜闻乐见的插花艺术表现形式，在制作花束时，主要考虑花束的形状、立体感的营造。

花束制作时，先用花茎、各类叶片和小花制作花束的轮廓背景，用非洲菊制作主花，将其放在焦点的位置，并将非洲菊错层重叠，营造立体感（见彩图69）。所用的植物材料主要有非洲菊、三色堇、小菊花、飞燕草和各种叶材。

(5) 作品赏析

①以牡丹为主花材的插花是中国传统插花艺术的代表之一，其内涵和意境十分讲究，常表现吉祥、富贵、昌盛等寓意。压花画作品《盛花牡丹》（见彩图70）以牡丹为主要表现花材，用桦树皮制作的树枝来进行画面的延伸；花瓶（蓝色绣球）底部布满根茎和苔藓，具有时间飞逝的厚重感；背景用蓝、紫等粉彩进行渲染，使得作品更加完整，色彩与花材也有呼应的效果。作品中樱桃采用虞美人花瓣制作，反光点用白晶菊花瓣制作，樱桃柄用染黑的叶片制作。牡丹、花瓶和樱桃的制作细节见彩图71所示。

②绣球瓶花作品（见彩图72）为插花式，其中绣球为主花，蓝紫色的绣球色彩在统一中产生细微变化，配以绣球叶和其他花材点缀丰富层次。花器选用带有锈斑的月季叶片制作，咖啡色的锈点给花瓶增添了古朴的感觉。背景为渲染的和纸，与纸色彩和花器为同色系，使画面和谐。使用的植物材料有：各色绣球、绣球叶、绣线菊、锈斑月季叶

(花瓶)、雪绒花、千叶吊兰。

③非洲菊瓶花作品(见彩图73)为插花式压花画,作品主体为各色非洲菊,色彩丰富、艳丽的非洲菊使画面整体呈现热情的感觉,白色小花及绿色叶片丰富画面的同时和非洲菊的色彩形成对比,更加凸显非洲菊作为画面主体的功能。使用的植物材料有：非洲菊、野棉花、溲疏、星点木(花器)、常春藤、铁树芽等。

④香石竹是母亲节必备的礼物,它代表温馨的祝福以及对母亲的感恩之心,用压花形式来保存这份心意。在处理香石竹鲜花时,要将其拆成单瓣压制,干燥后重新组合拼贴成一朵朵香石竹备用。香石竹花束整幅图(见彩图74)以香石竹(花、叶、枝)为主,搭配情人草、白晶菊、红色小月季等使整体色彩层次更丰富。香石竹的茎在干燥前可以剖开,剔除内部组织之后进行压制干燥。在制作花束式作品时,应先将外部轮廓用花材定位,然后确定主花材位置,最后添加辅助性花材。

⑤花篮式压花画作品(见彩图75)采用干燥的梧桐树叶作为花篮,由于是悬挂式设计,作品的整体重心上移,上重下轻,营造一种轻盈感。画面的重心部位以团块状花材为主,其他部位以线状花材为主,整幅作品聚散疏密相结合,充满自然的田园气息。

⑥其他插花式压花画作品欣赏(见彩图76~彩图81)。

6.1.2.4 风景式压花画

自然美景一直都是非常吸引人的画面,无论在绘画中还是在摄影中都是重要的表达题材,而压花本身就取材于自然,所以风景式压花是压花作品中最常见的一种构图类型。常见的风景画表现题材有山川、河流、天空、大地、树木、房屋等景观。创作者可以根据自己所见自然景观取景,也可以根据植物材料和想象进行创作。

(1) 风景式压花画的特点

对于风景式压花画的植物选材,要根据其表现的整体氛围和色调而定。如表现秋天采用橘黄色系植物,表现冬天采用白黄色系植物,表现大海采用大量蓝色系植物,表现绚烂的天空采用薄透多彩的花瓣。同时考虑到画幅问题,常以具有细节和线条的蕨类植物、野花野草、植物新叶、小型植物茎秆等表现树木森林等,因此小型的枝叶花材更为常用。对于天空、大海等大色块景物的表现可选用色彩相近或纹理丰富的一片或几片叶片、花瓣表现,无须疲于刻画细节。

风景式压花画常伴随有建筑物的表现,在制作建筑时可参考蝴蝶的制作方法进行拆分、转印、再重组。不过在重组时需注意各结构的层次顺序和明暗。

风景式又可分为写实和写意两种风格。写实常常追求尽可能对景物的还原和细节层次的表现,写实作品中,地上的青苔、杂草、小果子、树木的枝桠和花朵都力求刻画精细,连水中的倒影都若隐若现。写意常常比较抽象,题材也偏向于宏大场景,不必在意细节,更像是一种色彩层次的表达。写意风景中,常用化零为整的方法表现自然风景,一片田野、一座山直接用一片叶子、花瓣等来表示。

(2) 风景式压花画制作步骤(见彩图82)

①远景制作　先绘制好底稿,底稿不需要精细,只需要表现出画面取景内容、空间关系即可。然后取背景纸,先用葱白铺底制作背景(即天空和河流)。在葱白之上用月

季花瓣表示远方的高山。

②中景、前景铺底 制作好远景之后，开始制作中景，中景和远景存在一些遮挡关系，需要叠压。在制作中景时，由于中景有很多层，要注意植物材料的选择，用色彩区分开每个层次。前景用叶片铺底色，注意空留出葱白的底色以表示河流。

注意事项：这一步的制作关系到画面整体的色调和氛围，所以在选择花材时，要注意颜色的搭配，既要有所区别(可以用色块清晰分辨空间层次)，又要使整体色调统一和谐。如图中整体色彩饱和度偏低，偏暖色，给人秋天的感觉；前景和中景采用明度不同的同色系叶片形成呼应。

③丰富植物细节 在上一步的基础上丰富中景、前景。虽然写意风景制作需化零为整、简化细节，像画面中远处的小草、灌木等都是不可见的，但是对于一些高大树木和近处的植物仍需表示出来，让画面粗中有细。如果说之前的大面积色块铺底是写意风景的精髓，那么点缀植物增添细节便是最后的点睛之笔。

从远处开始，由远及近，一层一层点缀植物。远处的植物在视觉上最小，选择小叶片表示出树木向上生长的体型、轮廓即可，稍近一些的树木可选择稍大一点的叶片。再近一些，除了树木之外，还可以点缀一些小花作为细节。

最近的前景，表示树木的花材应选择体型更大且带有细节的叶片，前景的花朵等地被植物也要更丰富、更清晰。由于天空看起来比较空旷，便用洋甘菊点缀一个太阳，当然也可以点缀一两只飞鸟。作品完成图见彩图 82 右图所示。

(3) 作品赏析

①见彩图 83，这是一幅想象中的风景作品。画面中的栅栏采用包菜制作，在制作时巧妙地利用了包菜的色彩变化表现出栅栏的明暗，地面以粉彩绘制，通过颜色的变化产生空间的收缩感，且沿着绘制的地面将人的视线引入栅栏门后面，栅栏门两边栽植茂盛的花草，背后以绿色粉彩晕染背景配以若隐若现的花朵，让人幻想里面一定是座秘密花园，想推门进去一探究竟。

所用植物材料有：包菜(栅栏)、金针菇(栅栏纹路)、扫帚菜、油菜花、珍珠梅、飞燕草(帽子)、哈密瓜皮(地面)、月季花瓣(帽子)、鼠尾草等。

②作品《禅意——圆窗》(见彩图 84)由冬景和春景两幅图组成。冬日大雪纷飞、五色凋零，但依旧有地面的隐绿和藏在雪下的果实，跨过冬日，大雪滋润过后的万物开始生长，迎来春暖花开。春日的阳光是舒服的，冬日的灯光是暖的，表达出一种结束也是开始，是死亡也是新生的意境。

所用植物材料有：波斯菊(灯)、棉花(雪)、水杉树皮、芦苇(鸟的羽毛)、万寿菊(鸟的羽毛)、白桦树皮、青苔、南天竹果、牡丹花瓣(窗户)、月季花瓣、侧柏、溲疏、紫叶李(石桌)等。

③作品《秋色》(见彩图 85)以典具纸虚化远景，前景以高大景物及深色花材凸显画面的空间感，并且左下角的暗色和树干的线条和右侧的黑色卡框形成对应。湖面以典具纸覆盖，并虚化倒影给人以若隐若现的感觉，这在一定程度上属于留白，正好与天空的留白相呼应，使画面构图产生呼应。全图整体花材选择以秋色叶为主，营造秋天的氛围。

所用植物材料有：七叶树叶片、扫帚菜、满天星、水杉树皮(树干)、山药皮(树干)、南天竹叶、哈密瓜皮、乌桕叶(桥)、红枫叶、银杏叶、侧柏、白桦树皮(水波)等。

④作品《挂壁奇景》(见彩图86)采用风景式压花对挂壁公路进行刻画，赞扬自力更生、坚韧不拔的时代精神。作品使用的材料主要有白千层树皮、苔藓、地衣、苎麻叶、小飞燕、小百合等。这幅风景式压花作品制作中的难点是山体的表现，首先将山体分成两大部分制作，将这两部分再分成若干山体分别制作。挂壁公路所在的太行山脉主体颜色为黄色和绿色，山体在阳光下的深浅过渡比较明显，利用白千层树皮不同深浅颜色和纹路走向制作出山体的基本形态，用苔藓装点于山体的缝隙中，营造植物的效果。公路下方的山体用地衣撕碎后粘贴制作，与两侧的山体区分开。前景植物选择花和叶搭配，在铁线蕨上面摆放飞燕草和小百合，飞燕草与绿色的铁线蕨做搭配，褐黄色的小百合与山体做呼应，凸显太行山的巍峨。天空中的飞鸟用苎麻叶修剪而来。

⑤作品《牡丹源记》(见彩图87)是以牡丹为前景的一幅田园风景图，整幅作品色彩丰富，主要使用了牡丹花瓣、苎麻叶、二乔玉兰等花材。近景的牡丹花田使用牡丹花瓣和牡丹叶；建筑主要运用苎麻叶、二乔玉兰、三色堇、蛇皮地衣等；桥和船主要用苎麻叶、二乔玉兰；草地和远山用生菜叶、白蒿、青蒿、乌蕨、蕾丝等一些配景花材。作品细节较多，如房顶和墙体的制作(图6-4)、木桥的制作(图6-5)，都需要先分析好前后层次，由后到前，逐层制作完成。

图6-4　房顶和墙体的制作

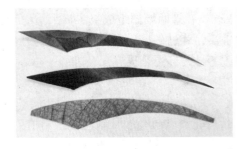 

图6-5　木桥的制作

⑥作品《江南水乡》(见彩图88)是风景式压花画，画面主体为民居，水面和天空又将视线引导到远处的小桥和桥上的人物，使画面具有纵深感，丰富的植物构成画面前景，使得层次感倍增，整体呈现出江南水乡自然、静谧、和谐的美感和氛围。

所用植物材料有：牡丹花瓣；各色械树叶片、各色月季、八仙花、南天竹、窃衣叶片、南天竹(秋色叶)、紫堇叶片、还亮草、银叶菊、蕨叶等。

⑦作品《共美西农》(见彩图89)呈现出西北农林科技大学(以下简称西农)小西湖和科研楼的相互映衬之美，融入了对学校、对学校劳动者、对学校一花一草的关注和热爱，在展示西农校园美景同时，提升师生对校园植物的关注度，唤起对校园景观的热爱之情。画面采用"井"字形构图，同色系的清洁工和科研楼分别位于"井"字两交汇点，绿色系的湖面和丛林贯穿两者之间，焦点突出，富有层次感。前景选用一些姿态自由飘逸的蕨类植物，与草坡上的小灌木呼应，画面更显丰富活泼。

所用植物材料有：蓝色和绿色八仙花、粉椴叶片、鸡爪槭叶片、蕨叶、碎米荠花序、非洲菊花瓣、枯树叶、银叶菊叶片、南天竹秋色叶、深紫色月季花瓣、糖槭叶片、窃衣叶片等。

⑧作品《林深时见鹿》(见彩图90)利用桂花树叶的正反面塑造不同颜色、纹理的树木树干，用黄刺玫叶片做成树冠；利用褐变的紫玉兰的不同部位来刻画鹿的不同部位。利用一整片颜色渐变且颜色较浅的紫玉兰做成鹿的头部，利用紫玉兰叶柄的深黑色矩形做成鹿的嘴巴、鹿角及鹿蹄；用紫玉兰叶(头发)、白月季(脸庞)、黄色香石竹(裙子)和结香花(腿和鞋子)做成小女孩；用褐化白月季和紫色鸢尾做成地面、水纹；用水杉叶、野艾蒿做成林下草丛，用八仙花、棣棠、情人草、紫丁香、迎春花花材等做成林下花丛，营造出一副生意盎然的"林深时见鹿，梦醒时见你"的森林景色。

⑨其他风景式压花画作品欣赏(见彩图91~彩图93)。

6.1.2.5 图案式压花画

图案式压花画是把一些具体形象经过艺术处理，在造型上符合审美的一种压花作品形式。它可以是几何图形、装饰纹样、字母造型等。基本的构图原则就是符合形式美法则，视觉效果美观。

(1) 图案式压花画的特点

图案式构图是指将花材拼贴成一定的图案的构图形式。常用的图案形式有三角形、圆形、"C"形、"L"形、"U"形、新月形等。在设计时一般先中心点，然后利用各类植物材料从中心点向外进行延展装饰，形成层次分明、色彩和谐的图案。压花的图案非常丰富和自由，几何图形、曼陀罗图案甚至文字图形也属于图案式构图。

(2) 图案式压花画作品赏析

①生肖剪纸系列图案式压花画　将压花与传统剪纸艺术相结合，利用剪纸图案，用植物将生肖的特点展现出来，图案的设计遵循平面剪纸造型。作品《酉鸡》(见彩图94)中用的花材主要是红色月季花瓣、苎麻叶、粉色飞燕草、粉色月季花瓣、乌蕨、三色堇等，整体色彩红绿对比，视觉效果突出。作品《卯兔》(见彩图95)中玉米和竹筐的制作选用的花材是白蜡叶、三色堇(黄、白)等。兔的外形制作选用的花材是粉色香石竹、红色月季、黄色三色堇、白蜡叶等。作品《辰龙》(见彩图96)的制作，龙的角、眼睛、胡须、嘴巴等这些都是要分开制作的。在龙头制作过程中用郁金香做成龙角，小叶女贞做成龙须，三色堇做成龙脸，用白、红月季做成胡子和补色的部位，爪子和尾巴用郁金香花瓣制作，龙身和龙脊用三色堇、小月季、青色月季、白蜡叶等，祥云用绣球花拼

接。作品《寅虎》(见彩图 97)首先将虎的形态描绘出来,所用的花材有红月季、三色堇(黄、紫、白)、小叶女贞等。然后用绣球花制作祥云、用三色堇的叶子制作荷叶、用紫色的三色堇制作石头,最后进行拼接。

②作品《花环》(见彩图 98)在底稿上,用乌蕨做成轮廓背景,添加三色堇、黑种草、小月季等块状的花材做成主花,然后用蕾丝等散点状的花材作为填充。该花环设计所用植物材料有:角堇、千鸟飞燕草、黑种草、月季、蕾丝、蓝绣球、乌蕨、枫叶及其他叶材。

③作品《锦绣牡丹》(见彩图 99)以几何图形新月形为基础造型,使用的植物花材有牡丹、小百合、禾叶大戟、白晶菊。牡丹花色选用白色、粉色、紫红色三种颜色搭配,以粉色牡丹为主,其他两种颜色的牡丹为辅。浅粉色牡丹花瓣近乎透明,多瓣拼贴成牡丹后显得剔透玲珑,很符合装饰画的格调。背景使用墨绿色珠光纸,喷溅上金色装饰,大气庄重,背景色与花材色彩搭配协调。装饰性彩带用硫酸纸和白晶菊花瓣制作,对花材起到点缀作用,也增强了立体感。

④其他图案式压花画作品欣赏(见彩图 100~彩图 105)。

6.2 压花卡片类制作艺术

压花卡片的体量大多比装饰画小,方便携带和收藏,多用于日常生活中亲朋好友间馈赠礼物,形式多为小巧的书签或贺卡。受地域文化影响,压花卡片最初在欧美地区更为流行,随着全球化的发展,互赠卡片在亚洲地区也逐渐流行,压花卡片的受众也越来越广。压花卡片类的制作一般不需要背景设计,图案设计比较简单,花材的粘贴方法和压花画相同。

6.2.1 书签

书签的制作一般需要卡纸,也可用木质板或竹质板作为创作的底板,书签的体量比较小,所以需要的花材比较少,主要展现花材自然形态和色彩的美感(见彩图 106~彩图 108)。

6.2.2 贺卡

贺卡的体量比书签稍大,可以进行简单的构图设计,一般而言,贺卡的制作要有主题,突出贺卡传情达意的功能性作用。如母亲节时可以制作以母爱为主题的贺卡(见彩图 109),新年或者圣诞等节日时可以分别以新年、圣诞为元素制作新年贺卡(见彩图 110)或圣诞贺卡(见彩图 111),送给朋友的贺卡可以以友情或感恩为主题(见彩图 112、彩图 113),此外也可以制作生日贺卡(见彩图 114)或者婚礼贺卡(见彩图 115)等。

6.3 日常干花用具制作艺术

平面干花原材料除了可以制作书签、贺卡和压花画等以纸张为依托的平面装饰品外，还可以用于日常用具的装饰美化制作。压花日用品小到纸巾、蜡烛、日历、台灯、手机壳、团扇、首饰，大到家具、衣物等生活应用的方方面面。压花作品体量随用品的实际情况而有较大差异，既要方便压制在生活日用品上，降低技术难度，也要与日常用品协调。生活日用品中的压花多是写生压花，更注重展现花草的自然形态。

6.3.1 保存方法

生活日用品的压花制作因为所装饰的日用品多为立体的，所以花材的保护方法不同于以纸张为依托的平面装饰品中花材的保护。目前主要采用紫外线固化胶（UV胶）保护法和环氧树脂胶（AB胶）保护法。

(1) 紫外线固化胶（UV胶）保护法

此方法适用于有一定厚度的木制品，如小提琴、木质饰品盒。也适用于一些有厚度或曲面的生活用品压花，如压花生活饰品团扇、台灯采用的便是此方法。

在光洁的物体表面，按设计好的图案粘贴花叶，待其干燥后，用笔刷将UV胶小心地涂抹在作品表面，可以只涂抹有花材的部位，用紫外灯照射后再涂抹几次，木制品最后表面要再喷上一层清漆。需要特别注意的是：树脂和清漆都只能是薄薄的一层，不能太厚，否则会影响作品的自然效果。

(2) 环氧树脂胶（AB胶）保护法

常见于压花饰品、摆台、手机壳、吊牌等日常用品的制作。将花叶放置在底座上或模具内，往上灌胶（有凹槽时使用）或用笔刷在表面涂抹胶水将其包裹，然后放置约48h等待其硬化。注意此方法应选择本身色泽鲜艳的原色花或者染色花，表面涂色的颜料、油彩易与环氧树脂胶融合脱色而使胶体不够透亮。部分蓝紫色花材与环氧树脂胶接触反应后易变色，所以需注意花材种类的选择。

6.3.2 制作方法

下文着重介绍压花吊坠、蜡烛、压花手机壳、压花团扇、压花台灯等以平面花材为主的生活日用品的压花装饰品制作过程。

6.3.2.1 压花吊坠制作

(1) 需要的工具和材料

包金饰品配件、硬卡纸、无痕胶带、UV胶、紫外灯、镊子、钳子、牙签/棉签和花材。

(2) 固定外框

取5~10cm无痕胶带粘贴在硬卡纸上，将边长2cm的正方形框放置在无痕胶带上，用棉签在正方形中间均匀涂抹UV胶并照紫外灯固化，用以固定外框。

(3) 放置花材

按照设计放置花材，花材放置时最先放下层的苔藓，再在上面点缀晶菊和绣线菊。可根据外框边缘适当修剪花材（见彩图116步骤1）。

(4) 密封固化

放置好花材后滴UV胶封层，UV胶厚度需完全包裹住花材，可用牙签调整边缘以确保 UV 胶均匀覆盖。及时照紫外灯固化，避免 UV 胶外溢。

（5）配件组装

见彩图 116 步骤二所示，安装金属配件，如链条、锁扣等，即可得到成品项链。

（6）其他压花吊坠作品欣赏（见彩图 117）

6.3.2.2　时光宝石压花吊坠的制作流程

时光宝石吊坠底托在很多地方都可以买到，非常容易制作。一般有以下两种制作方式。

（1）借助背景纸制作

①剪一块比较厚的背景纸，绘制背景；

②滴 2 滴 UV 胶在背景上并用牙签涂抹开，将选取并设计好的花材和叶片放在上面，再加入 2~3 滴滴胶，要确保压制的材料被胶所覆盖；

③用玻璃片盖住顶部，不要挤压；

④将其置于紫外灯下固化 10~15min；

⑤固化之后剪去多余的边，然后用 B6000 胶粘在底托上面。

这种方法可以较好地避免 UV 胶滴得过多溢出或过少容易出现气泡的问题。

（2）直接在底托上进行制作

①将底托水平放置，并用指甲油等染色绘制背景，也可不用背景；

②图案设计（见彩图 118）；

③蘸取少量白乳胶涂抹在花材背面，粘贴花材，一定要涂抹均匀，不要过厚；也可用 UV 胶满铺在底托上，进行粘贴；

④沿底托边缘滴入一圈 UV 胶，不要过多，静置片刻，等待 UV 胶自行流动，用牙签涂抹均匀，确保花材、叶材完全浸没在 UV 胶中；

⑤盖上玻璃片，放置在紫外灯下固化 10~15min（见彩图 119）；

⑥这种方式常会出现 UV 胶滴入过多而溢出的现象，需要及时清理，否则容易形成凹凸不平的边缘，影响观赏效果。

成品见彩图 120 所示。

6.3.2.3　水晶吊牌制作流程

（1）需要的工具和材料

模具、环氧树脂胶（AB 胶）、滴胶色精、电子秤、分胶杯（也可用一次性杯子）、搅拌棒、镊子、花材、烫金贴纸等装饰物、B6000、钥匙环。

（2）调胶

打开电子秤，将分胶杯放上清零去皮。按 3∶1 的比例先倒入 A 胶，再倒入 B 胶（B 胶为固化剂，可适量增加，但 A∶B 不能超过 2∶1 的比例）；用搅拌棒将 A 胶和 B 胶搅拌混合至没有拉丝、透明如水为止，搅拌时顺一个方向搅拌且不宜搅拌过快，避免产生大量气泡；将色精滴入调好的树脂胶中，沿同一方向搅拌均匀；将树脂胶倒入模具中，注意倒至模具深度的 1/3 处即可。放置 24h 等待固化。

(3) 加入花材并灌胶

根据设计加入干燥好的平面花材，也可以加入烫金贴纸等装饰物进行点缀（见彩图121）。需要注意的是要选择保色较好的花材，部分花材在树脂胶固化散热过程中易变色，不宜使用，如二月蓝；可选用染色花，以吸色染的花材最好，表面用色粉、马克笔等染色的花在树脂胶中容易出现浮色而影响观感；为了避免后期灌胶时花材浮起，可用少量UV胶或B6000固定花材。花材放入后倒入调好的透明树脂胶，此次灌胶需将模具灌满，但不能外溢。可用牙签调整胶平面，并消除气泡（为了使其表面饱满边缘有弧度，可将树脂胶放置至稍微黏稠后再灌胶）。

(4) 脱模并安装钥匙链

等待24~48h完全固化后进行脱模。脱模后便得到了水晶吊牌，可根据喜好选择配件安装钥匙链，也可加编织绳做成车挂等物品（见彩图122、彩图123）。

6.3.2.4 压花手机壳制作流程

(1) 需要的工具和材料

透明手机壳（有凹槽的更好）、环氧树脂胶（AB胶）、电子秤、分胶杯（也可用一次性杯子）、搅拌棒、镊子、花材、烫金贴纸等装饰物、B6000。

(2) 调胶

同水晶吊牌调胶步骤，按照A∶B重量比为3∶1的比例调配。调好胶之后静置十几分钟等待胶变得稍微黏稠，以便在手机壳上灌胶时，胶体自身产生张力，不会随意流淌出边缘。

(3) 加入花材并灌胶

根据设计加入干燥好的平面花材和烫金贴纸等装饰物，可用少量UV胶或B6000固定花材；倒入准备好的透明树脂胶，注意灌胶时缓慢进行，控制用量，避免外溢。因为胶体较为黏稠，需灌胶时尽量均匀。用搅拌棒调整胶平面，可用牙签或者消泡枪消除气泡。静置24~48h，等待完全固化（见彩图124、彩图125）。

6.3.2.5 压花团扇制作流程

(1) 需要的工具和材料

空白团扇、花材、玻璃密封胶、极薄的和纸（典具纸）、喷胶、废弃花材包装纸（玻璃纸、旧报纸等）、B6000、镊子、指套。

(2) 扇面覆膜处理（见彩图126）

空白团扇一般有正面和背面，制作时一般正面粘贴花材。同样背面也需要做保护处理。

①为了避免喷胶时污染桌面，先取玻璃纸或者废旧的包装纸等铺在桌面，再将空白团扇背面朝上放置在玻璃纸上，并再取一张玻璃纸盖住扇柄。

②将喷胶拿至距扇面30~40cm的上方，轻轻喷涂2s，保证气溶胶可以以雾化状态均匀喷洒在扇面上。

③取比扇面稍大的一块极薄的和纸，在喷涂胶水后快速覆盖在扇面上，注意保证和

纸平整。

④沿着扇子边缘用剪刀修剪掉多余的和纸，为了美观修剪时注意露出团扇本身的包边，如有必要可将粘贴的和纸边缘揭开一点进行修剪。

(3) 粘贴花材（见彩图 127）

①用花材进行构图布置，注意花材摆放层次，不要急于固定花材，可不断调整直至满意为止。如图中作品参考了中国花鸟画的构图设计，在花材摆放时最重要的是叶材线条的流畅，以及兰草整体线条布置的自然和谐。

②初次设计调整好构图后，可用手机拍摄保存画面，再用 B6000 胶水少量点涂固定花材。花材粘贴的过程也是再次调整优化设计的过程，无须和初次的构图完全相同。

(4) 覆膜加密封保护层

①设计粘贴花材的扇面同样需要覆膜，制作步骤同背面覆膜相同（见彩图 128）。

②为了更好地隔离空气，防止花材受潮变色，需用玻璃胶做封层保护。将透明玻璃胶挤至玻璃纸上，手上戴指套蘸取玻璃胶快速均匀地涂抹在有花材的部位，让花材表面形成完整的保护膜（见彩图 129）。玻璃胶除了具有密封保护作用外，还可以提亮花材，使花材色彩更清晰。

③涂抹完玻璃胶后将团扇静置，待玻璃胶完全晾干便可使用。

④由于作品参考了中国画的构图设计，所以加盖印章凸显意境，丰富画面。盖章的步骤可安排在涂抹玻璃胶之前，也可以在花材粘贴后。

压花团扇的构图设计多种多样，可使用的植物材料多以线型的叶材和小花型的花瓣为主，其中绣球在压花团扇中较常采用（见彩图 130）。

6.3.2.6　压花蜡烛的制作

①剪一张与蜡烛的侧面积同样大小的纸或冷裱膜，在上面进行压花蜡烛的设计，安排花材摆放的位置（见彩图 131）。该作品使用的花材有：飞燕草、风信子、雪珠花、小水仙、角堇、蕨叶、月季等。

②按照设计好的图案，将花材用白乳胶贴在蜡烛上。

③表面涂抹一层薄薄的 Mod Podge 胶，保护花材；也可以用冷裱膜敷在花材表面：将蜡烛横放，将冷裱膜一端撕开，贴在蜡烛上，边滚动蜡烛，边用手按压，压花蜡烛完成（见彩图 132）。

6.3.2.7　压花台灯的制作

压花台灯的制作步骤与压花蜡烛相似，只是最后花材保护时多采用典具纸覆盖、表面涂花胶的方式。花材多选用叶材和花瓣，颜色可鲜艳可素雅，作品压花台灯（见彩图 133）中的主要花材有风船葛、飞燕草、蕨叶、角堇、月季花瓣等。其他压花台灯作品见彩图 134 所示。

6.3.2.8　其他压花生活用品欣赏

以平面压花为材料装饰生活日用品，可利用的空间和范围非常广，除了上述介绍的应用方式外，还可以用来装饰茶杯垫（见彩图 135）、座钟和茶杯（见彩图 136）、餐盘垫、钟表、桌椅和抱枕等，在实际应用中，作者可以充分发挥自己的想象力，用美丽的压花作品装点生活。

小　　结

本章从压花画的背景制作、图案设计、立体层次处理、植物材料的巧妙运用、花材粘贴、镜框装裱等几个方面讲起，系统介绍了压花画的制作步骤，并对压花画的几大类型（植物自然形态式压花画、花卉式压花画、人物动物类压花画、风景式压花画和图案式压花画等）进行了制作过程详解和作品赏析。然后对平面干花在书签、贺卡等卡片类装饰品和在压花吊坠、压花水晶吊牌、压花团扇、压花蜡烛、压花台灯等日常用品中的应用进行了详细的介绍。通过本章的学习，学生能够制作出各种形式的平面干花艺术品，在制作过程中提高学生的动手实践能力和对美的感悟能力。

思考题

1. 平面干花材料有哪些应用形式？
2. 如何根据不同的表达主题进行压花贺卡的设计？
3. 不同的平面干花装饰品应如何进行花材的保护？
4. 压花画有哪些种类？如何进行压花画的背景处理？
5. 在压花画作品的创作中，如何巧妙选择和运用植物？试举例说明。

推荐阅读书目

1. 压花艺术及制作. 张敩方. 东北林业大学出版社，1999.
2. 艺术压花制作技法. 计莲芳. 北京工艺美术出版社，2005.
3. 压花艺术. 陈国菊，赵国防. 中国农业出版社，2009.
4. 压花艺术. 朱少珊. 中国林业出版社，2017.
5. 我的押花日记. 裴香玉，王琪. 江苏凤凰文艺出版社，2019.
6. 静物创意压花艺术. 朱少珊. 中国林业出版社，2021.
7. 风景创意压花艺术. 朱少珊. 中国林业出版社，2021.

7 立体干花装饰品制作

平面花材一般用于平面干花装饰品的制作，立体花材常用于立体干花装饰品的创作。立体干花可以制作成插花、花束、创作花、壁挂、钟罩花、浮游花和各种人工干花琥珀类饰品。干花插花和花束的制作方法与鲜切花类似，在插花艺术课程中有详细的讲述，本章不再赘述；创作花主要是利用植物材料的叶片或花瓣制作出自然界没有的花朵或花束造型，可以克服原有花材体量不够大或者颜色缺少的问题。如用漂白染色后的玉米苞皮做成的玉米创作花，用干燥后的银杏叶做成的银杏创作花，用漂白染色后的狗尾草做成的集成创作花束等干花产品都比较受欢迎。本章主要介绍钟罩花、浮游花和人工干花琥珀的制作艺术。

7.1 钟罩花制作艺术

7.1.1 钟罩花定义及特点

钟罩花以有机玻璃或透明塑料等作为保护器具，与干花组合成可以四面观赏的干花艺术品。保护器具应是透明的，内部应有可以承载立体花材的空间，形状可以是长方形、圆柱形、球形、穹顶圆柱形等。

由于保护容器具有密封性，可防止潮湿空气浸入，延长了易受潮变形的花材的观赏寿命，而且不存在干花的灰尘污染问题，保色、保形效果较好，因此，钟罩花干花艺术品受到越来越多人的青睐。

7.1.2 钟罩花制作

钟罩花干花饰品的制作过程主要包括安装花泥、花材整理、花材组装、封装等步骤，下文简要叙述其制作流程。

(1) 准备工具

制作前需要准备剪刀、小刀等修整工具；滴管、吸耳球等清洁工具；干花泥、乳胶、热熔胶、热熔胶枪、铁丝、尼龙花边(或缎带)、干燥的花材、绿色胶带和透明玻璃钟罩等。

(2) 安装花泥

组装花材前应先根据容器空间大小切取适当大小的花泥，并将花泥需装饰的部分用尼龙花边、丝带或绿色纸装饰好，然后将花泥粘贴在容器底座的适当位置。

(3) 选择花材

首先选择使用的主花，主花的大小应参照密闭容器的形状和空间大小。如果钟罩花的容器较大，可选用较大型的花材；对于密闭干花装饰盘和壁饰等其他半立体干花装饰品，由于装载空间小，一般应选用中、小型花材。此外还应选择一些茎、叶，如线状的银柳、益母草等配合花材和霞草、二色补血草等补充花材。花材可以是保色的、原色的或漂染的，但必须做到绝对干燥。

(4) 整理花材

将花材修剪整理好，需要接茎的花材接好茎秆，需要接柄的叶材接好叶柄，茎秆较粗的花材，将其茎秆基部剪切成斜口以便于插入花泥。

(5) 粘贴花材

花材的组装有插制法和胶粘法两种方法。插制法多用于内部空间比较大的钟罩花的制作，是将花茎秆末端蘸以少量乳胶插于花泥上固定花材的方法。胶粘法多用于浅的密闭干花盘或壁挂等立体干花饰品的制作，是将花材靠容器底部的一面涂以乳胶，将花材直接粘贴于容器底部的制作方法。对于没有花茎秆的花可以蘸取胶水进行茎秆粘贴，或用铁丝将其固定在花泥上。

(6) 设计花材

钟罩花花材组合是完全立体状态，可从四面观赏。设计原则遵循插花的设计原理，应有"留白"。在设计中应注意将花泥遮蔽好，如不能完全遮蔽应加以修饰，如贴以尼龙花边等。

(7) 密封容器

组装好花材之后，将污物和花材碎屑清除干净，待乳胶全部干燥后即可开始密封。将整个容器安装好，在容器部件衔接处涂以密封材料(可选用乳胶或树脂)，待密封材料干燥后，检查密封情况，对密封不严处可再适当补封几次。密封材料干燥后，成品制作完成。

钟罩花作品见彩图137所示。

7.2 浮游花制作艺术

7.2.1 浮游花概念

浮游花是指在透明的玻璃瓶中放入经过脱水和染色处理的天然花朵或干果，再注入矿物油进行封存的干花艺术品。浮游瓶干花可以全方位欣赏花材的形态和颜色，由于花材在液体中浮动，呈现出独特的观赏效果。

7.2.2 浮游花制作流程

(1) 准备工具

矿物油、玻璃瓶、永生花材、剪刀、镊子、漏斗、装饰瓶子的丝带等小工具。

(2) 花材准备

花材在经过矿物油浸泡后会出现颜色变浅的情况,所以在准备花材时颜色可以稍深一点。一般选用染过色的颜色比较鲜艳的花材。花材要求纤细且具有一定的柔软度,其呈现的视觉效果更佳。

(3) 放入花材

先注入80%的矿物油,因为后续还需放入花材,所以不要一次性倒满,倒得太满会溢出来。接着用镊子夹住花材放入瓶中,在放入花材过程中要不停地调整花材位置并观察颜色搭配。如果达不到想要的效果也可以将花材夹出来重新放置,不再做调整时把油倒满封盖,再用丝带等装饰品绑在瓶口用以装饰。

放花材时注意留出空隙,花材不要放得太满,否则会因无法呈现漂浮效果而影响观赏。可根据玻璃瓶的大小决定放入花材的种类或数量,一般如果想要放三种或以上的花材则需要200mL的玻璃瓶;放1~2种花材的话,选用100mL的玻璃瓶即可。

浮游花作品见彩图138所示。

7.3 人工干花琥珀制作艺术

天然琥珀是大自然的树脂将昆虫包埋并经过长期在地壳层的演变最终形成的一种琥珀色透明内藏昆虫化石。人工干花琥珀是根据天然琥珀的形成原理,采用人工合成树脂包埋干花标本的方法制成的精美艺术品。相较于其他立体干花艺术品,它更为立体、生动、形象,可以表现干花的任何一个方位;同时不会腐烂变色,更为经久耐用,便于携带和保存。

人工干花琥珀的制作可以采用人工合成紫外固化胶(UV胶)或环氧树脂胶(AB胶)对花材进行保护。封存的花材可以是平面花材,也可以是立体花材。为了更好地展现花材的立体形态和美感,干花琥珀常用于立体花材的封存制作。常用于制作摆台、手环、头饰和胸饰等饰品。

7.3.1 摆台和手环制作

(1) 准备工具

AB宝石胶水、镊子、正方形模具、手环模具、戒指模具、花材、搅拌棒、天平、真空泵、盛胶容器(一次性纸杯)、硅胶、干燥沙。

(2) 采集植物标本

为了干燥后的颜色比较鲜艳,一般采集颜色较为鲜艳的花材、叶材或果材。采集时需要注意保留花材的小部分叶片和枝干。将采集的花材进行干燥处理,包埋在硅胶、干燥沙等干燥介质里，等待3d左右取出备用。

(3) 配制滴胶

AB滴胶以3∶1的比例进行调制，根据制作的模块大小估算出所需的胶水量。如需要配制180g的胶则需要先称取135g的A胶，再称取45g的B胶。称取后把B胶倒入装有A胶的容器中进行搅拌。

在搅拌胶水时不要用太大力气，避免产生过多的气泡。搅拌时要顺着容器壁搅拌并把上面粘连的胶水往里刮，搅拌约3min则可搅拌均匀，用肉眼观察其呈透亮的状态即可。

(4) 消除气泡

利用真空泵进行抽真空的方法消除气泡（图7-1）。将胶水放入真空泵中，打开真空泵进行抽真空消泡处理，当开关打开后表盘上的指针从0降到最低值时关闭开关，此时有大量气泡冒出。等待10min左右，打开红色阀门，注意要慢慢地打开，一点点放气，防止胶水喷出。直到表盘又重新归零后再打开盖子将胶水取出。此时胶水已经无气泡。

图7-1 抽真空

(5) 倒入胶水

根据制作装饰品的不同选择不同的模具。一般使用正方形或者手环形状等，制作立方体摆台时直接将形态和颜色俱佳的花材放进立方体，制作手环或戒指时则需要将花材的花瓣剪成小块再均匀地放进手环的模具中，一般选择颜色鲜亮的花材，如黄色麦秆菊、紫色矢车菊、染色满天星等。

为防止一些花材漂浮的情况出现，在倒入胶水时先在模具里倒入1/2的胶水，等胶水半凝固时再倒入另外1/2的胶水（图7-2）。

需要注意的是，倒胶水时模具要放在平坦处，利用木棒进行引流，木棒要抵住内壁，缓慢地将胶水倒入模具中，力度太大会产生气泡，动作一定要轻缓。

(6) 吸泡

吸泡这一步非常关键，花材会在滴胶里产生一些气泡，每隔几分钟观察是否有气泡产生，如果有气泡产生则要一直重复吸泡的动作。用手轻捏住吸管排干净吸管中的空气，将吸管插进胶水后找到气泡再慢慢地松手，气泡被吸进吸管后拿出，挤掉吸管中的胶水。重复此动作直至气泡被完全消除为止（图7-3）。

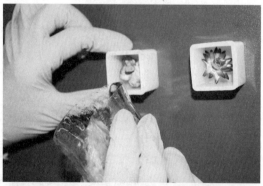

图7-2 倒入胶水

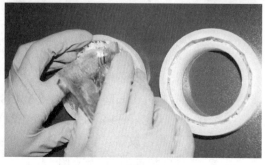

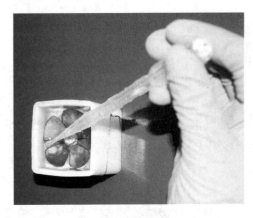

图 7-3 吸 泡

(7) 补胶

等到模具里的胶水半凝固时,此时的花材不再漂浮上来,即可进行补胶。将模具剩下的空间用胶水填满,可以多倒一点,注意不要溢出。

(8) 静置

在 25℃左右的温度下,胶水会在 5h 后固定住,12h 后彻底凝固,如果温度不高,则会需要更长的时间。注意不要用手触摸胶水表面,以免产生指纹。

(9) 脱模

等到胶水完全凝固后,取下模具。

(10) 成品展示(见彩图 139~彩图 141)

7.3.2 胸针制作

胸针,顾名思义,是指人们佩戴在胸前的一种装饰品。胸前佩戴一枚精巧而醒目的胸针,不仅可以引人注目,而且给人以美感。一般的胸针是用塑料或金属制作而成,而用干花的花瓣做出来的胸针与其他类型胸针相比更是别具一格,具有真实和自然的美感。制作胸针时需要用紫外固化胶(UV 胶)对干燥花材进行封存保护。其具体制作过程如下:

(1) 准备工具

胸针、UV 胶水、月季花、紫外线灯、珍珠配饰。

(2) 准备花材

胸针选用的花材一般比较小巧别致,可以用花型比较小的花材,如丁香花,也可以先干燥花瓣,再拼凑出立体的花朵形状,如月季花、绣球花。

确定花材后需要把采集后的花材放在硅胶或者干燥沙里包埋几天直至完全干燥后方可取出备用。

(3) 涂抹胶水

将干燥后的花瓣一瓣瓣剥下,9 片左右。然后一片片涂抹 UV 胶水,先涂抹单面,在紫外灯下烤干后再涂抹另外一面(图 7-4)。

(4) 照灯

将涂抹好胶水的花瓣放置于紫外线灯下烤 3min 左右,烤干后拿出备用(图 7-5)。

(5) 粘贴花瓣,完成制作

在胸针上粘贴双面胶,在双面胶上先粘贴底部的三片花瓣(图 7-6)。在紫外灯下烤干,固定好底座之后依次将花瓣粘贴上,最终就会得到一枚完整的月季花胸针。最后,将胸针放置在紫外灯下烤干即可(图 7-7)。

(6) 成品展示(见彩图 142)

(7) 其他人工干花琥珀类作品欣赏(见彩图 143~彩图 146)

图 7-4 涂抹胶水

图 7-5 照 灯

图 7-6 粘贴底座

图 7-7 完全烤干

7.4 其他干花工艺品

立体干花的应用形式非常广泛，立体干花插花和花束因体量较大，一般不对花材进行保护（见彩图 147），其他立体干花作品一般采用钟罩或者树脂进行保护（见彩图 137、彩图 140），对于半立体式的压花画，也可以采用镜框进行保护（见彩图 148），从而最大程度地延长干花的欣赏时间。

小　结

本章介绍了立体干花装饰品的几种应用形式的制作过程。通过本章的学习，学生可以将获得的各种立体花材用于钟罩花、浮游花和人工干花琥珀类等立体干花装饰品的制作。从而提升学生发现美、创造美和欣赏美的能力，同时培养学生的工匠精神和创新意识。

思考题

1. 立体干花装饰品有哪些应用形式？
2. 如何对立体干花装饰品中的干花材进行保护？

推荐阅读书目

1. 干燥花制作工艺与应用（第 2 版）. 洪波. 中国林业出版社，2019.
2. 我的押花日记. 裴香玉，王琪. 江苏凤凰文艺出版社，2019.

8 特殊形式干花装饰品制作

平面干花装饰品和立体干花装饰品均是以干花花材为原材料，通过对干花花材进行艺术创作和设计制作而成的。主要是依据干花花材的三维形态进行的分类。目前市场上还有一类干花工艺品，如被列入非物质文化遗产的叶雕类和永生花类，按照干燥花材的立体形态应该分属于平面干花类和立体干花类，但因其特殊的制作工艺，本章把这两类干花的制作艺术单独列出来进行阐述。

8.1 永生花制作艺术

8.1.1 永生花定义

永生花（preserved fresh flower）是指采用新鲜的鲜切花，经过脱色、染色、烘干等一系列工艺并经过人工艺术加工制作而成的干花装饰品。永生花又叫保鲜花、生态花，因其色泽、质感和形态与鲜切花几乎无异，所以在国外又称"永不凋谢的鲜花"。相对于鲜花而言，永生花的颜色更为丰富，可以通过工艺加工染制成各种颜色，且保存时间更久，永生花产品一般至少可保存三年。

永生花保留了鲜花的质感与形态，是花艺设计、产品礼盒、场地布置的理想的花艺加工产品。目前作为干花消费市场的新秀，倍受消费者青睐，其市场应用越来越广泛。目前，市面上的永生花根据应用场景和用途的不同，主要可分为婚礼装饰、会场布景、节日送礼、家居装饰、饰品加工和生活用品加工六大类，共计上千个产品。其中以月季、绣球、满天星、苔藓、兔尾草等中、大型花系列最为畅销。

8.1.2 永生花概况

永生花起源于20世纪90年代的德国，是德国一位科学家发明的一种鲜花处理技术，该技术可以将鲜花长久地保存下来。随后，浪漫的法国人也开始永生花这项颇有前景的事业，并在德国技术的基础上做了改进，自此永生花便在西欧诸国流行开来，其产品受到了西方国家白领阶层和上流社会消费者们的追捧。

目前，欧洲大部分国家在永生花干燥技术、设计理念和管理经营方式上已经处于较高水平，对永生花的市场动向起着决定性的作用，同时也带动着世界各地永生花市场的发展。西班牙和意大利因本地花材资源的特点，主要以小花以及穗类花作为永生花工艺的材料，通过先进的花材加工工艺，生产出色彩多样、造型优雅的永生花产品。法国已有30%的花商开始从之前的鲜切花转向永生花和干花制品。日本永生花行业历经20余年的发展，从最开始的利用真空冷冻干燥技术制作干花到现在的永生花，技术不断升级，产品品质有了很大改善，达到的效果颇佳，更具竞争力。日本是永生花生产和消费的大国，每年至少需求1亿朵以上永生花，而且价格较高。

目前，我国的永生花行业正处于初步发展阶段，具备一定的规模。2008年以前，花卉企业的永生花原料大都从哥伦比亚等国进口，有的还在越南建立原料供应地，但因越南产的月季鲜切花花瓣数少、花型不好，且无生产单头月季的优势，而哥伦比亚等国又受到运输等客观因素的限制，所以当时日本客商逐渐把进口深加工月季切花产品的眼光投向中国云南，经过两三年的磨合，中日双方企业联合开始直接在中国月季鲜切花生产基地云南进行永生花成品的生产和加工。

目前，市场上的永生花应用日益广泛，大型应用主要集中在婚礼装饰、会场布置、节日送礼、家居装饰上；小型应用除了直接制作成花艺摆件，还与饰品、生活用品相结合，如项链、发簪、珠宝盒、台灯、壁灯、笔筒、加湿器、面扇、蓝牙音响、相框等。

8.1.3　永生花特点

(1) 保存时间长

永生花是通过对各种鲜花进行保鲜技术处理，制作出来的一种干花，具备了干花保存时间长(可达3~5年)，永不凋谢的特点，同时又保存了鲜花内的水分和色泽。

(2) 色泽丰富

可以制作出自然界没有的颜色，甚至可以漂染出多色花头。

(3) 易打理

实际运用中无需护理，无需浇水，易于打理。

(4) 接受度高

无花粉，不会感染花粉症，接受人群较广，且对花粉易过敏者无影响。

(5) 种类丰富

永生花种类可逾千余种，大部分植物均能经过处理制作成永生花。

大部分立体干花因制作过程中水分蒸发而导致花形变化、花瓣皱缩，且随着时间流逝会逐渐褪色。永生花经过化学试剂的处理，无论是从质感上还是从外观上都最大限度地保留了鲜花的特性，更具有真实性和观赏性，是一种更受欢迎的立体干花形式。

8.1.4　永生花制作

永生花技术处理的方式方法多样，体现的最终品质也不尽相同。现在市场上销售的永生花产品主要是在工厂批量处理生产的初级产品经艺术加工设计而成的成品。工厂的初级产品主要以醇类溶液和色素为主要试剂进行处理而成,具体步骤如下。

8.1.4.1 花材选择

目前用来制作永生花的花材种类主要有月季、绣球、满天星、兔尾草和苔藓等,其中月季在永生花加工销售数量中占有比重最大。月季花瓣厚度适中,在干燥和染色中更容易操作,失败率低,且形态美丽,或含苞待放或绽放盛开;绣球和满天星因其苞片或单花较小、成团簇,更容易染色,一般用作花束的点缀花材;苔藓用于铺底,遮挡露白,使花束色彩丰富,构型更显饱满。

制作永生花的花材要新鲜、花形花心整齐而饱满、花瓣无缺无伤。一般从鲜切花采摘到开始脱色的间隔时间不宜超过 2h,避免因水分流失而造成鲜花缩水变形和花瓣失水易脱落;花心需围合紧密、高度大致水平(图 8-1);在采集和运输过程中有的花瓣会被划伤或磕伤,带伤的花朵就不能进行制作,因为在浸入溶液时伤口处会比其他部位反应更快更剧烈,从而导致花瓣因被溶液侵蚀而变得不完整。

图 8-1 刚采摘的鲜花

8.1.4.2 永生花加工流程

(1) 固定

将挑选好的花朵放在固定盘中(图 8-2),并在底部用大头针固定,确保花朵不会掉出,再减去多余的花茎,只保留 2~3cm。

(2) 脱色

固定好的花材放入配制好的溶液中浸泡并开始脱色,脱色溶液主要成分有乙醇、甲醇、亚氯酸钠、柠檬酸、过氧化氢(双氧水)等试剂。根据花材种类的不同,脱色溶液各试剂配比和脱色时间也有差异,一般在 5~15d。浸泡过程中鲜花原本的色素会被褪出沉淀,要保证溶液浓度不低于各花材所需浓度才能确保花材处于正常脱色过程中,所以需要随时测量、更换或添加溶液。

脱色完成的花材无论是花冠、花萼、花托还是茎干都已经变成纯白色,花瓣边缘较薄的部分甚至接近透明。将此种状态下的花材放入新配比的脱色溶液中进行缓冲清洗。

(3) 染色软化

此阶段溶液所需药品主要有聚乙二醇、甲醇和色素等,色素需要人工比对调配。将清洗好的花材放入调配好的溶液中浸泡 1d 左右便可完成染色和软化。

(4) 烘干

生产中一般设有专门的烘干房，不同加工处理的烘干方法也有差异，根据具体处理技术而定。加温烘干4~5d即可获得永生花原材料成品（见彩图149）。

8.1.5 永生花产品设计

加工好的永生花色泽均匀、质感与鲜花无异，为了提升其艺术价值和商品性能，需

图 8-2　固定盘

要花艺工作者对永生花原材料进行进一步的包装或产品设计与制作。一般有以下几种产品形式。

(1) 单一种类直接礼盒包装

制作出的永生花原材料可以直接作为产品销售，比较常见的是绣球和月季永生花（见彩图150、彩图151）。

(2) 多种类组合礼盒包装

此类产品一般是以月季为主花材，以绣球或苔藓等为配花材制作而成的（见彩图152）。

(3) 多种类组合成墙饰

此类产品一般是以绿色的苔藓作为底色，上面装饰颜色鲜艳的各色月季作为主花，再配以其他花材制作而成的半立体墙饰艺术品（见彩图153）。

(4) 单朵做成钟罩花

由于永生花加工工艺可以调制出该种鲜切花所没有的颜色，如月季的橙色和蓝色；也可以将一朵花做成五彩缤纷的颜色，如使用不同颜色的花瓣创造出七彩月季；或者将单朵花设计成不同的形状，如将月季花瓣以其大小、方向差异调整可以拼贴出心形。因此，永生花的单朵花只需要搭配一个透明的玻璃钟罩即可成为一件独特的艺术品（见彩图154）。

(5) 多种类组合成永生花摆件

永生花组合产品的艺术加工制作与插花手法基本相同：以月季等团状花材作主体，以绣球、满天星等聚散状花材作点缀，同时搭配不同主题、颜色的卡通配件，可满足不同节庆日的需求；以粉蓝色调奥斯汀月季为主体花材，配以粉色绣球、珍珠拼出摩天轮造型，仿佛梦幻游乐园的缩影，可作为儿童节主题礼盒（见彩图155）；用大红色月季搭配雪人玩偶和圣诞树摆件，可营造出圣诞节的氛围（见彩图156）；用纯白色月季、绣球加上手工描边，设计出白色情人节礼盒（见彩图157）。

8.2　叶雕制作艺术

叶雕，也叫作剪叶，它是一门通过在成熟的自然落叶上经过手工精雕细琢出精美图案的艺术。叶雕具有悠久的历史，据文献记载在我国西周早期就出现了叶雕

作品。

叶雕以各种树叶为载体，通过特殊技法将图像再现于叶片上，使图像与叶片的形状、脉络巧妙结合、融为一体，形成独具特色的艺术风格。叶雕融合了版画、微雕、剪纸等艺术的表现形式，取长补短，与其他艺术在表现形式上大为不同，有自己的独特之处。它利用树叶纵横交织的脉络、自然残缺创造出叶片的生命状态，造就源于自然而高于自然的艺术作品。

叶雕按照制作方法和技术的不同，又可分为传统刀刻叶雕、去叶肉叶雕、叶画叶雕和激光叶雕几类。下文分别简要介绍其制作流程。

8.2.1 传统刀刻叶雕制作

传统刀刻叶雕制作是指采用刻刀直接在叶片上雕刻出所需要的图案。图案可以直接画在叶片上，也可以预先打印在 A4 纸上。操作时为了看清叶片的纹理，一般需要借助拷贝板进行操作。主要制作步骤如下：

(1) 准备工具

A4 纸、树叶、刻刀、剪刀、双面胶/订书机、拷贝板(可以用玻璃下面放置灯代替)。

(2) 收集叶子

制作叶雕作品常用的植物叶子有柿树叶、杨树叶、法国梧桐叶、紫苏叶等。采集叶片的时间通常选在 10~11 月。此时植物叶片已经老熟，韧性较好，色彩纯正，收藏时间更长。应挑选那些无残缺、造型有特点的叶片进行采集，同时要注意选择无虫眼、无损伤、色泽均匀且可以压平的秋天的落叶。采集时动作要轻，注意一定要带上叶柄，不能划伤叶片，采集下来的叶片要尽快处理。

叶片采回来后可以直接将夹在书本里压干或者在标本夹里放置 3~4d (根据空气的潮湿程度，如果潮湿则需要更长时间)；或者在烘箱里烘干一晚上。

如叶片太脆时需要先进行软化才能雕刻。软化时用聚乙二醇进行浸泡，软化 12h 后先擦干叶面的水分，把叶片夹入标本夹里进行脱水后再开始雕刻。

(3) 选择素材

选择带有剪影效果的图案，调整图案的大小，与叶片进行比对，将图案调至与叶片合适的大小。

(4) 打印图案

用打印机将图案打印在 A4 纸上。

(5) 固定叶片

将纸和叶片对好位置之后用双面胶或者订书机将图案和叶片固定起来，不要发生相对位移，固定时图案在下，叶片在上。

(6) 雕刻

用刻刀沿着剪影图案的边缘进行雕刻，有剪影的部分不雕刻(见彩图 158)。雕刻时要注意以下几点：①留大叶脉或中叶脉去除小叶脉；②手指在握刀时需要将刀尖垂直于叶片，指尖放松，动作轻缓，力度不宜过大；③如果有断裂处即摘除；④叶脉保留 1mm 的宽度，太宽会影响美观，太窄则容易断裂；⑤在雕刻时用手指轻轻按压在叶面上,防止叶片断裂。

(7) 取下叶片

揭掉双面胶或订书针,需要注意不要破坏叶片。

(8) 装裱成品

可以选择透明玻璃相框把雕刻后的叶片轻放进去,即成为一个双面观赏的叶雕艺术品(见彩图 159)。

其他叶雕作品可见彩图 160、彩图 161。

8.2.2 去叶肉叶雕制作

去叶肉叶雕制作是指采用化学溶液煮制叶片,然后用毛刷去除不需要的叶肉组织,保留图案部分的叶肉组织的方法。其制作过程如下:

(1) 准备工具

树叶、A4 纸、刻刀、塑料片、雕刻盘(亚克力板)、刷子、盘子、锅、电磁炉、搅拌棒、药品(NaOH)、电子秤、手套、卫生纸、纸板、烘箱(图 8-3)。

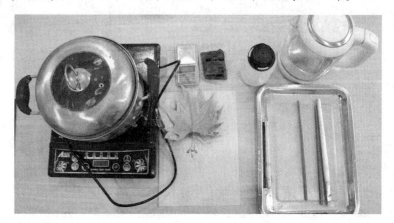

图 8-3 工 具

(2) 采集树叶

采集树叶的要求同刀刻叶雕对叶片的要求,应尽量挑选那些无残缺、造型有特点的叶片进行采集。同时还应注意叶片的耐腐蚀性,要求叶脉组织韧性较强,不易刷断。

(3) 调整图案、对比大小

选取所要进行雕刻的图案,根据所使用的叶片尺寸与图案进行比较,将图案缩放到合适大小,处理为剪影效果,打印出来。

(4) 配制药品

一般采用氢氧化钠溶液煮制叶片。向锅中倒入约 1L 的水,用电子秤称取 30g 氢氧化钠(NaOH)粉末倒入锅中,并用搅拌棒搅拌均匀。

(5) 煮叶片

将所要使用的叶片放入锅中蒸煮约 15min,其间对叶片进行翻搅,在其变黑变软后捞出,放在清水里备用(图 8-4)。

图 8-4　煮叶片

图 8-5　轮廓描边　　　　　　图 8-6　裁剪轮廓

(6) 制作模板

把塑料片固定在 A4 纸上（以免移位），用笔勾勒描绘出打印图案的大致轮廓（图 8-5）。用刻刀沿勾勒好的形状进行裁剪，裁剪后拿下来当作模板（图 8-6）。

(7) 雕刻

将煮好的叶片捞出，放入清水中冲洗。然后将叶片小心地平铺在雕刻盘上，动作要轻柔以免弄破叶片。将刻好的胶片模板放置于叶片表面（图 8-7），倒入少量清水以清理雕刻下来的叶肉。用刷子小心锤掉周边叶肉，留下所选图案（图 8-8）。操作时左手要紧紧按住胶片图案，保证胶片不移位；用刷子锤击时力度不能过大，以免擦破叶片；力度也不要过小，过小则无法完全分离叶肉。用力方向要垂直于叶面，遇到大叶脉，力度不宜过大以免砸裂叶片；中途加水冲洗叶片时，左手应保持图案不移位。雕刻结束后用清水冲洗一下，然后翻转叶片看是否有残余的叶肉组织，若有残余未清除干净的叶肉需再次处理，模板必须放置在原位。最后将雕刻完成的叶片清洗干净。

(8) 干燥处理

将雕刻好的叶片平铺在卫生纸上（不能出现褶皱），把另一张卫生纸覆盖在叶片上方，压实以吸水，连同卫生纸一起夹入纸板后放入烘箱中烘干。

(9) 软化处理

叶片在烘干后容易出现叶片太脆的问题，需要将叶片软化后再进行塑封。

图 8-7　放胶片模版

8　特殊形式干花装饰品制作

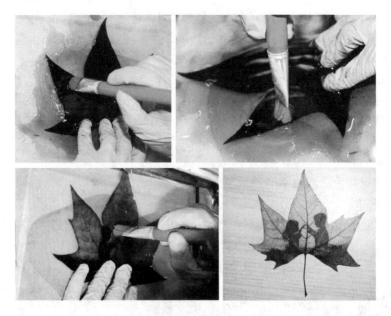

图 8-8　去叶肉过程

图 8-9　其他叶肉叶雕作品

(10) 塑封

将完成后的叶片装进相框里即可 (图 8-8)。

其他叶肉叶雕作品欣赏如图 8-9 所示。

8.2.3　激光叶雕制作

激光叶雕是采用二氧化碳雕刻机去除不需要的叶肉组织，保留所需图案叶肉制作叶雕的方法，该方法大大提高了叶雕的效率和精确性。

(1) 准备的工具

树叶、剪刀、双面胶、尺子、硬质卡片、二氧化碳雕刻 (打印) 机。

(2) 收集叶片

一般选择韧性较好、无残缺、无虫眼、无损伤、色泽均匀且可以压平的树叶进行采集，采集的叶片不宜过大。一般选择樟科的树叶雕刻效果较好，本案例使用的是肉桂

(平安树)的叶片。树叶采集回来后夹在干燥板里干燥。

(3) 测量叶片

测量叶片的长度和宽度。

(4) 调整图案大小

结合叶片的大小,在计算机上调整图案的大小。从互联网上下载软件 CoreIDRAW X4 安装在计算机中,在软件上调整好尺寸,比叶片的尺寸稍微大一些,打印出来的图案比叶片小。

(5) 粘贴叶片

用双面胶把叶片的四边粘贴到纸板上。

(6) 激光雕刻

激光雕刻时用重物将卡片压住以免打印过程中移动发生危险(图 8-10)。用二氧化碳雕刻机打印时随时调整打印机功率的大小,功率太大会烧焦叶片,功率太小雕不透叶片,图案透不过叶片就会影响效果。打印过程中有白烟冒出,有刺激性气味,注意开窗通风。

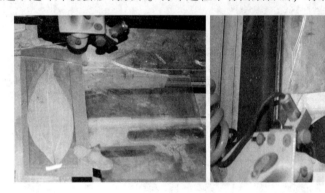

图 8-10　激光雕刻过程

(7) 成品完成

成品见彩图 162 所示。

8.2.4　叶画叶雕制作

叶画叶雕是采用丙烯颜料在树叶上作画,然后再使用刀刻去除不需要的叶肉组织的方法。其制作过程如下:

(1) 准备工具

树叶、丙烯颜料、勾线笔、墨水、刻刀、吸水纸或干燥板。

(2) 采集树叶

应挑选那些颜色发黄或者半黄、无蜡质层、无残缺、色泽均匀且可以压平的秋天的落叶,如樱花叶、悬铃木叶等。

(3) 树叶干燥处理

将采集好的树叶压在干燥板里,或者夹在书本里,放置于干燥的地方,使树叶脱水和定型。干燥板可以快速脱水,具有一定的保色能力,可以使压制好的树叶保持颜色鲜亮。

(4) 树叶涂画

设计或挑选要进行雕刻的图案,图案应去掉背景等复杂部分,只留主体,图案可以根据所使用的叶片尺寸与图案进行设计并绘画,画材应选用丙烯颜料和勾线笔,中性笔容易戳破树叶(见彩图163)。

(5) 雕刻

将绘画好的树叶放置于工作台上,开始雕刻,雕刻时根据树叶的叶脉和绘画内容进行雕刻,将细叶脉连同叶肉整体去掉,留下主脉部分和图案部分以及树叶边缘部分,分支脉较粗的叶片也可以将支脉保留。叶片较脆,雕刻时应注意用手指轻轻压住即将雕刻部分附近较结实处(见彩图164)。

(6) 叶画叶雕成品(需要加相框)

叶画叶雕成品见彩图165所示。

小　结

本章介绍了两种特殊的干花装饰品永生花和叶雕的制作过程。通过本章的学习,可以使学生详细了解永生花的制作流程和永生花产品的应用形式,掌握不同叶雕工艺的制作艺术,能够根据永生花的制作流程进行某种花材永生花的技术研发,进一步培养学生创造美和欣赏美的能力。

思考题

1. 永生花的制作过程包括哪些步骤?
2. 叶雕有哪几种制作方法?
3. 如何选择制作叶雕的叶片?

推荐阅读书目

1. 叶雕作品集. リト@叶っぱ切り絵. 讲谈社,2021.
2. 永不凋落的鲜花:永生花花艺花礼. 金演钟. 电子工业出版社,2019.
3. 永生花设计与制作. 长井睦美著,魏常坤译. 中国轻工业出版社,2018.

参考文献

安田齐,1989. 花色生理生物化学[M]. 北京：中国林业出版社.
安田齐,1989. 花色之谜[M]. 北京：中国林业出版社.
陈国菊,2014. 跟我学——图解压花（押花）用品制作[M]. 北京：化学工业出版社.
陈国菊,赵国防,2009. 压花艺术[M]. 北京：中国农业出版社.
陈媛华,杜欢,侯苗苗,2019. 压花艺术用品设计及应用研究[J]. 现代园艺(5)：87-90.
长井睦美,2018. 永生花设计与制作[M]. 魏常坤,译. 北京：中国轻工业出版社.
邓艾佳,夏晶晖,2020. 浅谈风景式压花艺术[J]. 现代园艺,43(1)：155-156.
郭国柱,2013. 微波干燥关键技术研究[D]. 郑州：郑州大学.
何娟,2015. 现代中国人物画构图程式探析[J]. 美术界(4)：90.
何秀芬,1993. 干燥花采集制作原理与技术[M]. 北京：中国农业大学出版社.
洪波,2019. 干燥花制作工艺与应用[M]. 2版. 北京：中国林业出版社.
洪波,2012. 压花艺术的起源与发展[J]. 园林(5)：84-87.
洪波,2013. 压花艺术制品的创作实例[J]. 园林(5)：87-91.
计莲芳,2005. 艺术压花制作技法[M]. 北京：北京工艺美术出版社.
贾洪菊,2011. 八仙花红色素分子结构分析及在压花上应用[D]. 哈尔滨：东北林业大学.
蒋福红,张盼,曾勤飞,2019. 石楠花、日本晚樱压制标本保色机制及快速干燥技术研究[J]. 南方论坛,50(19)：38-39.
金演钟,2019. 永不凋落的鲜花：永生花花艺花礼[M]. 北京：电子工业出版社.
李保国,李凌云,2007. 观赏花的冷冻干燥与保色加工实验研究[J]. 干燥技术与设备(2)：70-73.
李舒琴,李元元,2020. 浅谈压花艺术在室内软装设计中的应用[J]. 文化产业(14)：15-18.
李莹莹,刘静,黄至欢,2020. 湖南省压花艺术发展现状及产业规划[J]. 林业与生态(7)：24-25.
梁玉实,2013. 紫花玉簪保色压花工艺标本的制作与应用[J]. 吉林农业科技学院学报,22(3)：101-103.
林阮美姝,1988. 干燥花的世界[M]. 台北：汉光文化事业股份有限公司.
刘道捷,1974. 花朵的压制[M]. 台北：世界文物出版社.
刘坷,朱文学,2010. 牡丹压花热风干燥特性及动力学模型研究[J]. 农机化研究(11)：188-191.
刘峰,刘占海,刘慧芹,等,2011. 珍珠梅压花花材染色与保色效果的研究[J]. 北方园艺(12)：145-147.
刘峰,王丽,刘慧芹,等,2011. 月季花瓣制作压花花材保色技术研究[J]. 湖北农业科学,50(16)：3331-3333.
刘颖,郭琼,2020. 压花艺术在现代家具设计中的应用[J]. 包装工程,41(18)：318-325.
刘晓东,闫颖,高东菊,2014. 天竺葵花色苷的稳定性及其在压花保色中的应用[J]. 东北林业大学学报,42(3)：48-54.
马晓倩,2008. 茶条槭红色素研究及其在压花保色中的应用[D]. 哈尔滨：东北林业大学.
裴香玉,王琪,2019. 我的押花日记[M]. 南京：江苏凤凰文艺出版社.
邱迎君,2010. 浙江干燥花植物资源研究[J]. 北方园艺(22)：202-205.

参考文献

石秀丽, 2011. 与中国绘画相结合的压花艺术设计初探[D]. 重庆: 西南大学.

孙淑红, 2011. 牡丹压花干燥工艺研究[D]. 洛阳: 河南科技大学.

孙阳阳, 2016. 月季永生花加工工艺研究[D]. 泰安: 山东农业大学.

谭颖, 陈国菊, 2015. 干燥花干燥技术研究进展[J]. 现代园艺(17): 28-31.

王丽花, 吴学尉, 2013. 植物干花制作工艺、现状及发展前景[J]. 中国标准化(9): 75-78.

王丽珍, 2015. 花艺新宠——永生花[J]. 花卉园艺(1): 50-51.

王青青, 2012. 两种菌发酵液对非洲菊保鲜及压花花色影响的研究[D]. 广州: 华南农业大学.

应锦凯, 2003. 压花与干花技艺[M]. 北京: 中国农业出版社.

于杰, 2002. 好花常开, 好景常在——压花艺术画欣赏与花材选择[J]. 中国花卉园艺(3): 38-39.

于淼, 2014. 卫矛秋季红色叶片色素研究及其在压花保色中的应用[D]. 哈尔滨: 东北林业大学.

张春兰, 2017. 贵阳喀斯特地区干燥花植物资源调查及压花技术探索[D]. 贵阳: 贵州师范大学.

张晶晶, 2020. 彩叶草叶片色素及压花保色研究[D]. 保定: 河北农业大学.

张甜甜, 陶媛, 2019. 压花花材保色研究[J]. 现代园艺(5): 24-26.

张敦方, 1999. 压花艺术及制作[M]. 哈尔滨: 东北林业大学出版社.

赵国防, 2006. 家庭简易压花[M]. 天津: 天津科学技术出版社.

赵国防, 宗晶莹, 2002. 试论压花艺术及发展前景[J]. 天津农林科技(5): 21-23.

赵宁, 付惠, 林萍, 等, 2010. 干燥花制花叶材保色工艺探索[J]. 西南林学院学报, 30(1): 80-82.

周静波, 张明, 熊珊, 等, 2020. 压花艺术在高职院校教学改革中的应用[J]. 安徽林业科技, 46(1): 56-60.

朱少珊, 2017. 压花艺术[M]. 北京: 中国林业出版社.

朱少珊, 2021. 风景创意压花艺术[M]. 北京: 中国林业出版社.

朱少珊, 2021. 静物创意压花艺术[M]. 北京: 中国林业出版社.

DONG EUN LEE, MOON SOO CHO, TAE YEON KIM, 2007. Plant materials and sub-materials used in landscape works of pressed flower[J]. Flower research journal, 15(4): 185-190.

HYUN-OCK KIM, 2000. Retention of caffeic acid derivatives in dried *Echinacea purpurea*[J]. Journal of agricultural and food chemistry(48): 4182-41860.

JOOSTEN TITIA, 1988. Flower drying with a microwave: techniques and projects [M]. Asheville: Lark Books.

KUMPAVAT M. T, RAOL J. B, 2015. Chandegara V. K. Studies on drying characteristics for *Gerbera* flowers[J]. International journal of postharvest technology and innovation, 5(1): 64-80.

PALLAS B, 2000. Make a pressed flower[J]. Woman's day, 63(70): 13.

PINDER, R NAMITA, 2018. Influence of dehydration techniques on colour retention and related traits of Gerbera (*Gerbera hybrida*) flowers [J]. Indian journal of agricultural sciences, (5): 733-736.

SAFEENA S A, PATIL V S, 2013. Effect of hot air oven and microwave oven drying on production of quality dry flowers of dutch roses[J]. Journal of agricultural science, 5(4): 179-189.

彩 图　99

彩图 1　离瓣花正压

彩图 2　合瓣花仰角正压

彩图 3　侧　压

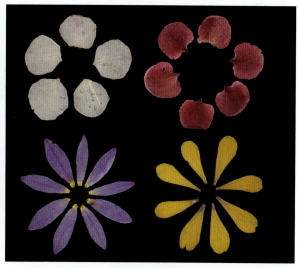

彩图 4　单瓣压

彩图 5　分解压

彩图 6　剖花压

*注：彩图除署名外，其余均为西北农林科技大学的师生作品。

彩图 7　花序压

彩图 8　不同介质包埋八仙花干燥效果对比

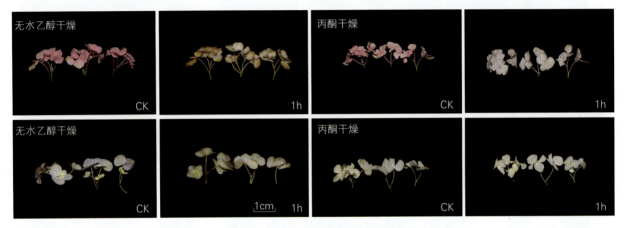

彩图 9　无水乙醇、丙酮干燥八仙花效果对比

| 新鲜山茶花瓣 | 自然重物法干燥的山茶花瓣 | 压花器干燥的山茶花瓣 |

彩图 10　山茶的两种压制方式干燥效果对比

| 新鲜紫藤花朵 | 自然重物法干燥的紫藤花朵 | 压花器干燥的紫藤花朵 |

彩图 11　紫藤的两种压制方式干燥效果对比

新鲜玉兰花瓣　　　自然重物法干燥的玉兰花瓣　　　压花器干燥的玉兰花瓣

彩图 12　玉兰的两种压制方式干燥效果对比

新鲜山茶花瓣　　　　　自然重物法干燥的山茶花瓣　　　　微波炉50%火力干燥150s的山茶花瓣

彩图 13　山茶的两种干燥方式干燥效果对比

新鲜玉兰花瓣　　　　　自然重物法干燥的玉兰花瓣　　　　微波炉50%火力干燥140s的玉兰花瓣

彩图 14　玉兰的两种干燥方式干燥效果对比

彩图 15　红色和黄色月季微波干燥后的保色效果对比 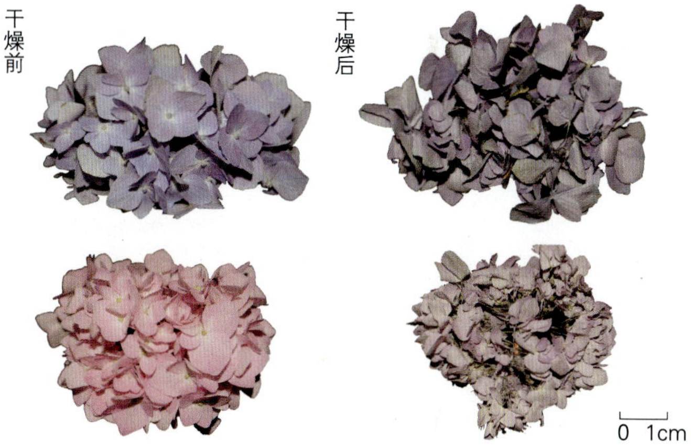　　　**彩图 16　蓝色和粉色八仙花微波干燥后的保色效果对比**

新鲜木槿花瓣　　　　自然重物法干燥的木槿花瓣　　　　干燥后涂抹保色液后的木槿花瓣

彩图 17　红色木槿的保色效果对比

新鲜蜀葵花瓣　　　　自然重物法干燥的蜀葵花瓣　　　　浸泡保色液30min的蜀葵花瓣

彩图 18　红色蜀葵的保色效果对比

新鲜月季花瓣　　　　　　自然重物法干燥的月季花瓣　　　　　　浸泡保色液 2h 的月季花瓣

彩图 19　红色月季的保色效果对比

彩图 20　麻叶绣线菊和木绣球的艺术保色

彩图 21　不同漂白剂对八仙花的漂白效果对比

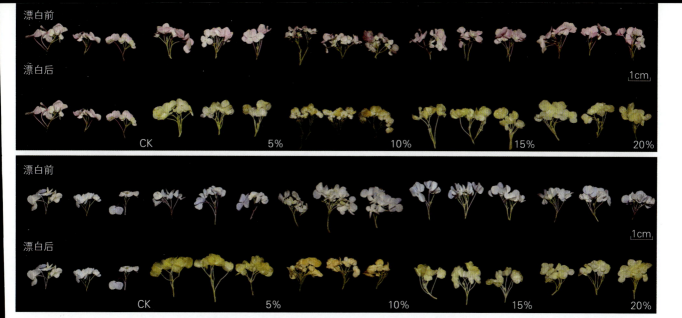

彩图22 不同浓度次氯酸钠对八仙花的漂白效果对比

彩图23 不同浓度过氧化氢对八仙花的漂白效果对比

彩图24 不同染色液对八仙花的染色效果对比　　　　彩图25 碱性染料染色的八仙花立体干花

彩图26　碱性染料染色的八仙花花瓣

彩图27　植物自然形态式作品

彩图28　标本风格植物画作品（林时工作室）

彩图29　自然形态式植物画作品（郭星）

彩图30　《玉兰花儿开》（冯慧芳、刘砚璞）

彩图31　《玉兰海棠》（冯慧芳、刘砚璞）

彩图32 《国色天香》(沐野干燥花工作室　贾可欣)　　　　彩图33　紫花地丁(刘砚璞)

彩图34 《八仙花》　　　彩图35 《两小无猜》(李嘉颖)　　　彩图36 《名伶》(李嘉颖)

彩图37　蝴蝶制作步骤——结构重组(1)

彩图 38　蝴蝶制作步骤——结构重组（2）

彩图 39　蝴蝶成品展示　　　　彩图 40　《雄鸡》（张奥龙、杨丽）　　　　彩图 41　《蜜蜂》（鲍宏妍、杨丽）

彩图 42　《美人在骨》　　　　彩图 43　《顾盼生辉》　　　　彩图 44　《人物九宫格》

彩图 45 《华州皮影》

彩图 46 《牡丹仙子》（夏珍珠、刘砚璞）

彩图 47 《摘葡萄的女人》

彩图 48 《出征》（鲍宏妍、杨丽）

彩图 49 《星夜之梦》（沐野干燥花工作室　张淏然）

彩图 50 《民国女子》（夏珍珠、刘砚璞）

彩图 51 《晚餐》

彩图 52 《小王子》

彩图 53 《撒野》

彩图 54 《兔子》

彩图 55 《玩耍》（李万里、杨丽）

彩图 56 《五福生平》（张奥龙、杨丽）

彩图 57 《春苑》（雷婧妍、杨丽）

彩图 58 《雨巷》（雷婧妍、杨丽）

彩图 59 《芳华》（雷婧妍、杨丽）

彩图 60 《花旦》

彩图 61 《穿婚纱的女人》

彩图 62 《凝望》

彩图 63 《展翅》

彩图 64 《雪容融》

彩图 65 《捕食》（宁惠娟）

彩图 66 《对望》

彩图 67 《事事如意》制作过程（周梦瑶、杨丽）　　彩图 68 《十全图》制作过程（纪广振、杨丽）

彩图 69　花束制作过程（周梦瑶、杨丽）　　彩图 70 《盛花牡丹》（夏珍珠、刘砚璞）

牡　丹　　　　　花　瓶　　　　樱　桃

彩图 71 《盛花牡丹》制作细节

彩图 72　绣球瓶花（郭星）

彩图 73　非洲菊瓶花（郭星）

彩图 74　香石竹花束（闫晨雨、刘砚璞）

彩图 75　花　篮

彩图 76　《夏荷》（纪广振、杨丽）

彩图 77　绣球花束

彩图 78　绣球盆栽

彩图 79　绣球瓶插

彩图 80　《生机盎然》

彩图 81　插　花

步骤1（远景制作）

步骤2（中景、前景铺底）

步骤3（植物细节）

成品展示

彩图82　风景画制作

彩图83　风景式压花画（李嘉颖）

彩图84　《禅意——圆窗》（李嘉颖）

彩图 85 《秋色》
（李嘉颖）

彩图 86 《挂壁奇景》（李玉秀、刘砚璞）　　　彩图 87 《牡丹源记》（夏珍珠、刘砚璞）

彩图 88 《江南水乡》　　　　　　　　　　　彩图 89 《共美西农》

彩图 90 《林深时见鹿》　　　　　　　　　彩图 91 《好春光》

彩图 92 《绣影栖鸟图》　　　彩图 93 《荡秋千》　　彩图 94 《酉鸡》（陈梦洁、刘砚璞）

彩图 95 《卯兔》（陈梦洁、刘砚璞）　彩图 96 《辰龙》（陈梦洁、刘砚璞）　彩图 97 《寅虎》（陈梦洁、刘砚璞）

彩图 98 《花环》（鲍宏妍、杨丽）

彩图 99 《锦绣牡丹》（夏珍珠、刘砚璞）

彩图 100 脸　谱

彩图 101 圣诞花环

彩图 102 几何图案式压花画作品（林时工作室）

彩图 103 花环（郭星）

彩图 104　吉　他

彩图 105　晾衣架

彩图 106　书签类平面干花作品（1）

彩图107　书签类平面干花作品（2）

彩图108　压花水晶书签（李嘉颖）

彩图109　母亲节贺卡

彩图 110　新年贺卡　　　　　彩图 111　圣诞贺卡　　　　　彩图 112　友情贺卡

彩图 113　感恩贺卡

彩图 114　生日贺卡（左）

彩图 115　婚礼贺卡（右）

步骤1

步骤2

彩图 116　吊坠制作

彩图 117　压花吊坠饰品欣赏（李嘉颖）

 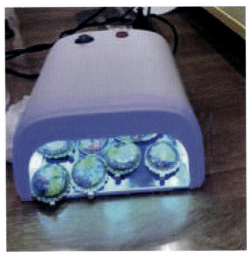 

彩图 118　图案设计　　　　彩图 119　紫外灯照射固化　　　　彩图 120　时光宝石吊坠（王杰青）

彩图 121　添加植物

彩图 122　脱模组装配件

彩图 123　钥匙扣水晶吊牌

121

彩图 124　压花手机壳制作步骤

彩图 125　压花手机壳

彩图 126　团扇背面覆膜步骤

彩图 127　花材构图粘贴步骤

彩图 128　团扇正面覆膜步骤

彩图 129　团扇玻璃胶封层步骤

彩图 130　压花团扇

彩图 131　压花蜡烛图案设计

彩图 132　压花蜡烛（王杰青）　　　　　　　　　彩图 133　压花台灯（王杰青）

彩图 134　其他压花台灯作品（郭星）　　　　　　　　彩图 135　压花杯垫

彩图 136　压花生活用品（郭星）　　　　　　　　彩图 137　钟罩花

彩图 138　浮游花

彩图 139 手　镯

彩图 140　立方体摆台

彩图 141　钥匙链

彩图 142　胸　针

彩图 143　四照花立方体摆台

彩图 144 梳 子

彩图 145 发簪和发卡

彩图 146 耳 环

彩图 147 干花花束

彩图 148　干花镜框画

彩图 149　永生花原材料成品

彩图 150　绣球永生花礼盒

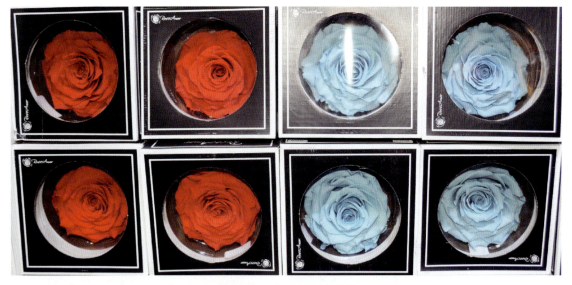

彩图 151　月季永生花礼盒

彩图 152　永生花礼盒

彩图 153　永生花墙饰

彩图 154　永生花钟罩花产品　　　　　　彩图 155　永生花摩天轮

彩图 156　永生花圣诞水晶球　　　　　　彩图 157　永生花水晶盒

彩图 158　雕刻过程

彩图 159　叶雕成品

彩图 160　其他叶雕作品　　　　　　彩图 161　刀刻叶雕

彩图 162　激光叶雕（李相龙）　　　彩图 163　树叶涂画

彩图 164　树叶雕刻　　　　　　　　彩图 165　叶画叶雕（李相龙）